★农业科学系列丛书

植物病害研究技术

马淑梅　著

黑龙江大学出版社
HEILONGJIANG UNIVERSITY PRESS
哈尔滨

图书在版编目（CIP）数据

植物病害研究技术 / 马淑梅著. -- 哈尔滨 ： 黑龙
江大学出版社，2018.11
ISBN 978-7-5686-0223-5

Ⅰ．①植… Ⅱ．①马… Ⅲ．①病害－诊断②病害－防
治 Ⅳ．① S432

中国版本图书馆 CIP 数据核字（2018）第 081846 号

植物病害研究技术
ZHIWU BINGHAI YANJIU JISHU

马淑梅　著

责任编辑　于　丹
出版发行　黑龙江大学出版社
地　　址　哈尔滨市南岗区学府三道街 36 号
印　　刷　哈尔滨市石桥印务有限公司
开　　本　720 毫米 ×1000 毫米　1/16
印　　张　13.5
字　　数　214 千
版　　次　2018 年 11 月第 1 版
印　　次　2018 年 11 月第 1 次印刷
书　　号　ISBN 978-7-5686-0223-5
定　　价　40.00 元

前　　言

　　农业生产是人类生存的基础,然而,农作物的各种病害时刻威胁着农业生产。植物病害对经济和社会发展的影响是重大的,也是多方面的,系统学习和掌握植物病害的研究技术,对提高农作物的产量和品质是非常重要的。

　　本书共分七章,第一章介绍植物病害田间发生与诊断,包括植物病原真菌、细菌、病毒、线虫以及寄生性种子植物等病原物引致的主要病害症状和诊断方法;第二章介绍植物主要病害抗病性鉴定技术,包括小麦、水稻、玉米、大豆等主要农作物对主要病害的抗病性鉴定方法和技术;第三章介绍植物病害综合治理的主要措施,包括植物检疫、农业防治、抗病品种的利用等方面;第四章介绍植物主要病害防治技术,从植物抗病性培育、农艺措施、化学防治、物理防治及生物防治等方面介绍多种病害的防治方法;第五章介绍植物病原真菌形态观察方法,主要介绍植物病原真菌的一般形态及观察方法;第六章介绍植物病理学室内基础实验方法,以植物病原真菌、细菌为主介绍实验室内最基础的实验方法和技能;第七章介绍植物病理学田间基础实验方法,主要介绍植物病害调查、损失估计、药效试验和病原物接种等技术和方法。

　　本书可作为高等学校植物保护专业本科生的理论、实验和实践教材。

　　由于时间比较仓促,书中难免存在一些问题与不足,敬请读者批评指正。

作　者

2018 年 5 月

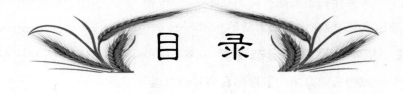

目 录

第一章

植物病害田间发生与诊断

第一节　植物病害的识别与诊断

植物病害的识别与诊断是根据植物受到病原物侵染发病后的外表特征、发病的场所和生态条件,经过系统调查和全面分析,对病害发生的原因、影响发病的因素、病害发生的规律和危害性做出准确的判断。

一、识别与诊断的目的和意义

人们改造自然必须先认识和了解自然,控制植物病害发生和危害也必须先了解植物病害的发生原因和发展变化规律。植物病害的诊断主要是根据不同病原物的致病特点,了解病害发生的病因,确定病害种类。植物病理工作者的责任是对病株进行准确的识别和诊断,制定相应的防治措施,努力减少病害对农作物造成的损失。植物病害研究相当于植物医学,但它完全不同于人类医学,是人类与植物间的交流。植物在自然农业生态系统中,受到各种因素尤其是生物因素的影响,其发生的异常现象,需要植物病理工作者用专业知识和实践经验去解决。及时、准确、科学地诊断,才能优化防治措施,对症下药,最大程度挽救植物产量损失。如果诊断不当或失误,会耽误时间,造成更大的损失。

二、识别与诊断的程序

当农民把疑似患病植物样本送来,询问这是什么病以及怎样防治时,或者植物病理工作者去田间植物病害发生现场,面对千变万化、形态异常的植物时,具有专业知识和实践经验的植物病理工作者首先要从异常植物的症状入手,判断是什么病、由什么原因引致、如何应对,这是一项艰巨的任务。

植物田间病害的诊断,应从表型症状的出现开始,进行全面细致的检查,仔细分析后,得出结论。

1.仔细观察和了解植物病害的田间表现

表现包括病害在整个田间如何分布,其时间动态和空间动态如何变化,是个别零星发生还是田间大面积成片发生,是由点到面发展还是短时间内同时发生,开始发病时间,随着植物生长进程的变化。这些信息可为分析病原物提供必要的线索。此外还要进行田间观察,调查询问病史,了解病害的发生特点、植物品种和生态环境。

2.观察症状

观察植物病害标本的症状特征,对发病部位、病变部分内外的症状做详细的观测和记载。注意观察典型病征及不同发病时期的病害症状。从田间采回的病害标本要及时观察和进行症状描述,以免标本腐烂影响描述结果。无症状的真菌病害标本,可做保湿处理后,再进行病原物的观察。

3.采样检查

诊断不熟悉的植物病害时,要进行室内检查,并对病原物做出初步鉴定,为病害诊断提供依据。

4.病原菌的分离培养和接种

对少见的真菌性病害和细菌性病害或其他病害,还需进行病原菌分离、培养和人工接种实验,才能确定真正的病原物。这一病害诊断步骤,按科赫氏法则进行。

5.提出适当的诊断结论

根据上述各步获得的结果进行综合分析,提出适当的诊断结论,并根据诊断结果提出或制定防治措施。

植物病害的诊断步骤不是一成不变的。具有实践经验的专业技术人员根据病害的某些特征,即可诊断病害,不需要完全按上述复杂的诊断步骤进行诊断。而对于某种新发生的或不熟悉的病害,要严格按上述操作步骤进行诊断。随着科学技术的不断发展,还可利用血清学鉴定、分子杂交和 PCR 技术等进行植物病害的诊断。尤其是对植物病毒性病害的诊断,利用分子生物学方法简便、迅速、灵敏、准确性高。

三、科赫氏法则(Koch's Rule)

科赫氏法则是用于鉴定病原物和诊断新病害的法则。

这一法则通常是用来确定由生物病原引致的侵染性病害病原物的。如发现一种新的或不熟悉的病害,应用科赫四步完成诊断和鉴定。诊断和鉴定是不同的概念。诊断是基于植物症状和表型特征来确定病害的原因并确定病害的类型。鉴定是将病害及引致病害的病原物与已知种类进行比较,确定它们的学名或分类学地位。首先要区分病害是侵染性病害还是非侵染性病害。侵染性病害也就是通常说的由真菌、细菌、病毒、线虫和寄生性种子植物五大病原物引起的病害。有些病害表型特征和特点是明显的,可以与其他病害区分,可做直接诊断或鉴定,如秆锈病或霜霉病。但在大多数情况下,很难识别病原物的类型,如花叶病易识别,但由何种病原物引起就必须经详细鉴定比较后才能确认。

柯赫氏法则的内容包括四个方面:

(1)有病植物常伴随有致病微生物。

(2)该微生物可在离体或人工培养基中分离纯化得到纯培养物。

(3)将纯培养物接种于同一品种的健株上,健株表现出相同的症状。

(4)从接种的植株中分离到纯培养物,其性状与(2)中相同。

如果确认上述四个步骤并获得实际证据,则可以确认这种微生物就是病原物。但某些专性寄生物如病毒等,目前尚不能在人工培养基中培养,可以用其他实验方法加以证明。因此,所有侵染性病害的诊断与病原物的鉴定都要按照科赫氏法则来验证,这一法则同样也用在医学和微生物学领域。

近年随着植物病理学研究的深入,科赫氏法则也用于非侵染性病害的诊断。应用时病原物只是被某种怀疑因素所取代,例如,当一种病害被判断为缺乏一种元素时,加入这种元素可以减轻或消除其症状,即可判断病害是与这种元素有关。

四、植物病害的诊断方法

植物病害的诊断应首先区分侵染性病害和非侵染性病害。许多植物病害的症状都有明显的特点,只要细心观察是不难分辨的。在大多数情况下,正确诊断需要详细和系统检查,不能只靠观察表型症状。

1. 侵染性病害

由病原微生物引起的病害特点是有明显的发生、发展或传染过程。田间病害发生有明显的症状特点表现,特别是病征表现,即在病株的表面或内部可以发现其病原物存在,不同的品种中或不同的环境条件下,病害的严重程度是不一样的。大多数真菌、细菌、病毒、线虫以及所有寄生性种子植物引起的病害,都可以在病部表面看到病原物,少数要在组织内部才能看到,大多数线虫侵袭植物的根,要挖根仔细寻找它们。一些真菌和细菌性病害,所有的病毒性病害和线虫性病害,在植物表面没有病征,但症状表现仍然明显。

(1)真菌性病害的诊断

最主要的是根据植物病害的病征进行诊断。多数真菌性病害既具有病征,又具有病状。大多数真菌性病害在受感染部位产生病征,或在少量水分下保湿培养即可长出子实体。但要区别这些子实体是由真正的病原真菌形成的;还是由次生或腐生真菌形成的;因为在病变的病斑处,尤其是老病斑或坏死的部分往往有次生或腐生真菌的污染,并布满表面。比较可靠的方法是用显微镜检查或从新鲜病变边缘分离病原真菌,选择合适的培养基是必要的,但也有一些特殊的诊断技术。按照科赫氏法则对病原物进行鉴定,尤其是接种后,是否发生同一病害是最基本的、最可靠的依据。

真菌性病害病征主要类型为霉状物(霜霉、绵霉、灰霉、青霉、黑霉)、粉状物(锈粉、白粉、黑粉、白锈)、粒状物(真菌的子囊壳、分生孢子器、分生孢子盘及菌核)、伞状物和线状物(子囊盘),线状物是真菌菌丝体形成的较细的索状结构。

(2)细菌性病害的诊断

在田间,植物受原核病原生物危害后在病变部位表现的特点是既有病征,也有病状,其病征的主要类型是脓状物。病部溢出的脓状黏液在气候干燥时形成菌痂或菌胶粒。病害发生初期在病变处形成水渍或油渍状边缘,呈半透明,病斑上有细菌的菌脓溢出。斑点、萎蔫、腐烂及肿瘤是大多数细菌性病害的特征,一些真菌也引起萎蔫与肿瘤。用切片镜检的方法检查有无喷菌现象是最简单、最可靠的诊断技术,应注意制片方法和显微检查要点。通过选择性培养基分离细菌再用于过敏反应的测定和接种也是很常用的方法。革兰氏染色、血清学诊断和噬菌体反应也是细菌性病害诊断和鉴别的快速方法。

(3)病毒性病害的诊断

病毒性病害的特点是只有病状,没有病征。其病状类型是黄化类、花叶类、坏死类、畸形类(皱缩、斑驳、蕨叶、丛生、矮化)等。表皮撕脱镜检时,有时可观察到包涵体。在电镜下可观察到病毒粒体和包涵体。常用病毒汁液摩擦接种指示植物或鉴别寄主的方法,植株发病后可很快出现典型症状。必要时做进一步的鉴定实验。血清学诊断技术是一种快速、准确的诊断方法。

(4)线虫性病害的诊断

线虫性病害在田间发病的症状为胞囊、虫瘿或根结,茎或叶坏死,地上部植株矮化、变形,植株黄化、长势弱,类似缺肥的病状,如小麦粒线虫病苗期叶片打折,皱缩畸形。成熟后穗部的籽粒变成虫瘿。在植物根表、根内、根际土壤、茎或籽粒(虫瘿)中有线虫寄生,如大豆胞囊线虫病可在根部见到黄白色的颗粒状物,或者发现有口针的线虫存在。

(5)寄生性种子植物病害的诊断

代表性寄生性种子植物如菟丝子、列当等,其寄生能力强,对寄主破坏大。一般情况下,寄生性种子植物引起的病害在寄主植物地上部分或根际可以看到。

(6)复合侵染的诊断

当植物遭受到两种或两种以上的病原物侵染时,可能产生两种完全不同的症状,如花叶和斑点、肿瘤和坏死。首先,必须识别或排除一种病原物,然后识别第二种。两种病毒或两种真菌的复合感染是常见的,可以通过筛选不同的介质或不同的寄主的方法将其分开。

2. 非侵染性病害

从发病植物上只能看到病状表现,从发病样本上也分离不到任何病原物,田间表现为在大面积上同一时间段发生病害,这种病害不能逐步传播,没有传染性,一般来说,可以考虑为非侵染性病害。除了植物遗传病外,非侵染性病害主要是不良环境因素(不良环境因素有多种)造成的,一般可以从病害发生范围、病害发生特点和病史等方面进行分析。如下四个方面可以帮助其诊断:

(1)病害在同一时间内突然大范围发生,发病时间短,只有几天,大多是由于三废污染或气候因素(如冻害、干燥的热风和晒伤)等造成的。

(2)病害的症状表现多为生长状况不好或系统性的,病害只发生在少数品种上，多为遗传性障碍所致。

（3）有明显的病斑、灼伤，且多集中在叶片或芽的一部分，以前没有病史，主要是使用农药或不当施肥造成的。

（4）有明显的元素缺乏症状，常见于老叶或顶部新叶。

植物病害有三分之一是非侵染性病害。植物病理工作者应充分掌握病害的诊断技术。只有明确病因，才能提出防治策略，才能提高防治效果。

五、植物病害诊断的注意事项

1. 植物病害症状的复杂性

植物病害的症状在田间是很复杂的。首先，植物病害往往会产生相似的症状，因此需要从多方面做出综合判断；其次，植物症状的变化是品种的变化或植物受害器官的不同所致，症状表现有一定变化；再次，病害有发生发展、消长变化的过程，发病始期、中期和后期的症状随病情的发展而改变；最后，植物病害的病状和病征受环境条件影响也很大，有些病害病征产生需要较高的湿度，在病害的后期阶段，病变部位往往产生腐生菌的繁殖器官。因此，从症状的发展变化来看，有必要认真研究和把握症状的特殊性。

2. 正确区别虫害、螨害和病害

许多有刺吸式口器的昆虫（如蚜虫）损害植物，会造成叶片变色、收缩或引起虫瘿；有些昆虫（如美洲斑潜蝇）以叶子的叶肉为食，留下叶子的表皮，在叶子上形成弯曲的隧道。诊断时要仔细观察有无虫体、虫粪、特殊的缺刻、虫洞、隧道等。蔬菜上的一些螨类也可造成叶片变色、畸形。

3. 正确区别并发病害和继发病害

植物受一种病原物侵染后，发生病害的同时，另一种病害也伴随发生，这种伴随发生的病害称为并发病害，例如小麦蜜穗病菌由小麦粒线虫传播。植物受一种致病因素影响后产生一种病害，紧接着又受到另一种致病因素影响产生另一种病害，前后两种病害发生有一定的联系，往往是后一种病害以前一种病害为发病条件，后发生的病害叫继发病害。例如红薯受冻害后，在贮藏时发生软

腐病。正确诊断这两类病害,分清病害发生的主次,为病害的合理防治提供
依据。

第二节　植物侵染性病害的发生和发展

　　植物病害的发生是寄主和病原物在一定环境条件下相互作用的结果,植物
病害的发生发展是病原物在适当的环境中大量繁殖并侵染植物的过程,最终导
致植物减产或品质下降。要了解田间植物病害发生发展的规律,就必须全面了
解病害发生发展的各个环节,全面分析病害发生三要素(病原物、寄主植物和环
境条件)在各个环节中的作用。

一、病原物的寄生性与致病性

1. 病原物的寄生性

　　寄生性指寄生物在寄主植物活体内取得营养物质而生存的能力。植物病
害的病原物都是寄生物,但是寄生的程度不同。寄主植物体内或体表的寄生物
越多,消耗的养分越多,从而造成寄主植物营养不良、长势衰弱,表现出种种病
害的症状。

　　(1)专性寄生物

　　专性寄生物有很强的寄生能力,它们只能在自然条件下被活体寄主细胞和
组织滋养,也称为活寄生物。寄主细胞和组织死亡后,寄生物便停止生长和发
育。植物病原物中,大部分植物病原线虫、霜霉菌和锈菌以及所有植物病毒、寄
生性种子植物等都是专性寄生物。

　　(2)非专性寄生物

　　绝大多数植物病原真菌和植物病原细菌都是非专性寄生的,但它们的寄生
性也不同,有的强,有的则弱。寄生性强的非专性寄生物仅次于专性寄生物,主
要营寄生生活,但也有一定的腐生能力,在一定的条件下,可以营腐生生活。真
菌中的大多数和引致叶斑病的病原细菌是这一类病原物。

弱寄生物一般寄生在死体上,所以也叫死体寄生物,寄生性较弱,只能寄生在生命力不强的活体寄主植物或植物组织、器官(如块根、块茎、果实等)处于休眠状态的寄主植物上,如在生活史中的大部分时间营腐生生活的病原物,例如引起猝倒病的腐霉菌、引起瓜果腐烂的根霉菌和引起腐烂的细菌等。

了解病原物的寄生性与病害的预防和治疗有密切关系,如:寄生性较强的病原物所引起的病害,在防治上应主要利用品种的抗病性;弱寄生物引起的病害,培育抗病品种难度很大,所以应采取合理的栽培管理措施提高植物的抗病性。

2. 病原物的致病性

致病性是病原物对寄主具有的破坏能力和引致植物发生病害的能力。病原物的破坏作用是由于寄生物从寄主植物体内吸取营养物质和水分,同时,病原物代谢产物也直接或间接破坏寄主植物的组织和细胞而造成的。致病性和寄生性是不同的,但又有一定的联系,具有致病性的寄生物才是导致植物发病的主要因素。

多数非专性寄生物对寄主的直接破坏作用很强,可很快分泌酶或毒素杀死寄主的组织或细胞,再从死亡的组织和细胞中获得营养,所引起的病害发展较快;而专性寄生物对寄主组织和细胞的直接破坏性小,所引起的病害发展较为缓慢。

病原物对寄主植物的致病性表现在多个方面:首先是吸收寄主的营养物质,致使寄主生长缓慢;其次是分泌各种酶和毒素,使植物组织和细胞中毒、遭到破坏和消解,进而引起植物病害;最后是一些病原物能分泌植物生长调节物质,影响植物的正常生理代谢,从而引起生长畸形。

五大类病原物中除寄生性种子植物外,病原真菌、细菌、病毒和线虫种内常存在致病性的差异,根据其对寄主属的专化性可划分为不同的专化型,同一专化型内又根据对寄主种或品种的专化性划分为不同的生理小种,如果病原物为病毒则称为株系,如果病原物为细菌则称为菌系。了解区域内的病原物生理小种,对抗病品种培育、病害发生发展规律研究及预测预报具有十分重要的意义。

病原物的致病性是决定植物病害发生发展严重程度的一个因素,同时病害发生的严重程度还与病原物的繁殖速度、传染效率等因素有关。一定条件下,致病性较弱的病原物也可能引起严重的病害,如生产上危害较重的多种作物的霜霉病都是由致病性较弱的霜霉菌引起的。

二、寄主植物的抗病性

1. 植物的抗病性类型

植物对病原物的抗病能力是不一样的:植物对病原物侵染的反应表现为完全不发病或无症状的称免疫;植物症状上表现轻微的称抗病,发病极轻的称高抗;植物可忍耐病原物侵染,虽然表现发病较重,但植物的生长发育、产量和品质不受严重损害的称耐病;寄主植物发病重,产量和品质受影响明显的称感病,发病很重的称高度感病;由于某种原因,植物因最易感病的阶段与病原物的侵染期相错,从而避免或减少了受侵染的机会的称避病。

根据植物品种对病原物生理小种或致病型抵抗情况,品种抗病性分为垂直抗病性和水平抗病性。垂直抗病性是由主效基因控制的,属于质量性状遗传,其实质是指作物的某个品种能高度抵抗病原物的 1 个或几个生理小种,这种抗病性对生理小种是专化性的,一旦遇到致病性强的生理小种,作物就会丧失抗病性,从而使原来的抗病品种沦为感病品种。水平抗病性是微效基因综合作用的,属于数量性状遗传,其实质是指作物的某个品种能抵抗病原物的多数生理小种,在田间一般表现为中度抗病。由于水平抗病性不存在生理小种对寄主的专化性,所以不易丧失。

2. 植物的抗病性机制

在植物和病原物长期协同进化过程中,病原物产生出不同类别、不同程度的寄生性和致病性,植物也相应地形成了不同类别、不同程度的抗病性,针对病原物的多种致病方式,植物发展出了复杂的抗病机制。植物的抗病机制是多种的,有先天具有的被动抗病机制,也有病原物侵染引发的主动抗病机制。按照抗病机制的性质则可划分为形态的、机能的和组织结构的抗病机制,即物理抗病机制,以及生理的和生物化学的抗病机制,即化学抗病机制。

植物固有的抗病机制是指植物本身所具有的物理结构和化学物质在病原物侵染时形成的物理抗病机制和化学抗病机制,统称为被动抗病机制。被动抗病机制如:植物的表皮有毛不利于形成水滴,也不利于真菌孢子接触植物组织;植物角质层厚不利于病原物侵入;植物表皮以及被覆在表皮上的蜡质层、角质层等是植物抵抗病原物侵入的最外层防线;植物表面气孔的密度、大小、构造及开闭习性等是抗侵入的重要因素;皮孔、水孔和腺体等自然孔口的形态和结构特性也与抗侵入有关;木栓层是植物块茎、根和茎等抵抗病原物侵入的物理屏障。

化学抗病机制是植物普遍具有的。抗病植物可能含有天然抗菌物质或抑制病原物某些酶的物质,也可能缺乏病原物寄生和致病所必需的重要成分,如植物体内的某些酚类、鞣质和蛋白质是水解酶的抑制剂,可抑制病原物分泌的水解酶。

病原物侵入寄主组织后,寄主植物会从组织结构、细胞结构、生理生化方面表现出主动防御反应。病原物的侵染和伤害导致植物细胞壁木质化、木栓化,发生酚类物质和钙离子沉积等多种保卫反应。植物受到病原物侵染或受到多种生理的、物理的刺激后所产生或积累的一类小分子质量抗菌性次生代谢产物是植物保卫素,其对真菌的毒性较强,可抑制病原物生长。现在已知 100 种以上的植物产生植物保卫素。过敏性坏死反应是在侵染点周围的少数寄主细胞迅速死亡,抑制了专性寄生病原物的扩展。过敏性坏死反应是植物发生最普遍的保卫反应类型,长期以来被认为是生理小种专化抗病性的重要机制,对真菌、细菌、病毒和线虫等多种病原物普遍有效。

诱发抗病性也称诱导抗病性,是植物经各种生物预先接种或经化学因子、物理因子处理后所产生的抗病性,也称为获得抗病性。诱发抗病性是一种针对病原物再侵染的抗病性。交互保护作用是一种典型的诱发抗病性。

3. 保持抗病性的措施

避免大面积、长时间种植作物的同一品种,注意品种的拔杂去劣和提纯复壮,注意品种的合理搭配,搞好基因布局,利用多抗病性品种。

三、植物侵染性病害的侵染过程

病原物的侵染过程被人为划分为 4 个时期,即侵入前期、侵入期、潜育期和发病期,实际上是一个连续的过程,也就是指病原物侵入寄主到寄主发病的过程。

1. 侵入前期

侵入前期也称为接触期,是指病原物移动并与寄主植物的感病部位接触直到产生侵入机构的阶段。这个时期的病原物是处在寄主体外的,环境因素直接影响病原物的侵入,病原物必须克服各种不利因素的阻碍才能侵入。从病害防治角度看,应该努力创造不利于病原物接触寄主植物和生长繁殖的生态条件。

2. 侵入期

接触期过后便进入了侵入期,此期是指病原物从侵入到与寄主建立寄生关系的阶段。侵入期的病原物已经打破了休眠状态进而转入了生长阶段,但仍暴露于寄主体外,处于生命力较弱的时期。因此,从病害防治角度看,此时期应是防治的关键时期。

(1)病原物的侵入途径

病原物只有进入寄主体内才能进一步繁殖个体从而引起植物病害。病原物的侵入途径主要有自然孔口(如气孔、水孔、皮孔、腺体、花柱)侵入、伤口(如虫伤、冻伤、机械伤、自然裂缝、人为创伤)侵入和直接侵入。每种病原物都有各自的侵入途径,如大部分真菌可从伤口和自然孔口侵入,细菌可从伤口和自然孔口侵入,病毒只能从伤口侵入,线虫、寄生性种子植物和少数真菌可从表皮直接侵入。

病原物的寄生性决定其侵入途径。一般从伤口侵入的病原物寄生性较弱,从自然孔口侵入的病原物寄生性较强,甚至可以从表皮直接侵入。大部分真菌侵入时是以孢子的形式,孢子先萌发后形成芽管或菌丝,再以一定的侵入方式进入寄主。

(2)影响侵入的环境条件

影响病原物侵入的主要环境条件是温度和湿度。温度和湿度对病原物和寄主植物二者都有影响。

湿度对病原物中的真菌和细菌影响最大。湿度决定真菌的孢子能否萌发和侵入,多数通过气流传播的真菌孢子萌发率随湿度的增加而增加,有的在水滴(膜)中萌发率最高,如细菌和低等真菌的游动孢子只有在水中才能侵入和游动。但也有例外,如白粉病菌的分生孢子在较低的湿度条件下萌发率高,在水滴中萌发率反而很低。此外,较高的湿度条件还会影响寄主愈伤组织的形成速度,使得气孔张开的角度大,水孔吐水多而持久,组织柔软,抗病原物的侵入能力大大下降。

温度主要影响真菌孢子萌发和侵入的速度。病原物侵入寄主后潜育期的长短和温度有直接的关系。如马铃薯晚疫病菌孢子囊在 12~13 ℃ 的适宜温度下,萌发仅需 1 h,而在 20 ℃ 以上时需 5~8 h。多数真菌孢子在适温条件下萌发只需几小时的时间。

在植物的生长过程中,温度一般都能满足病原物侵入的需要。而湿度和降雨量呈正相关,湿度在植物的生长过程中变化较大,常常成为病害发生的限制因素。多数植物病害在潮湿多雨的气候条件下发生严重,而在干旱和降雨少的季节不发生或发生很轻。但是,植物病毒病在干旱条件下发病严重,这是因为干旱有利于蚜虫传毒和蚜虫繁殖。那么,在病害的防治上,恰当地使用农艺技术措施,如合理密植、适时适量用水、合理修剪、适度打除底叶、及时改善田间通风透光条件、田间进行农事活动时尽可能不损伤植株并注意促进伤口愈合等,能使病害发生程度降到最低。保护性杀菌剂必须在病原物侵入寄主之前使用,也就是选择在田间少数植株发病初期使用,这样才能收到理想的防治效果。

3. 潜育期

潜育期指病原物已经侵入寄主内部并已经建立了寄生关系,田间能看到明显症状的阶段。潜育期是病原物在寄主体内个体数量繁殖增多和病斑扩展的时期,与此同时也是寄主植物自身的抗病基因积极发挥作用抵抗病原物危害的时期。温度影响病害潜育期长短。在病原物生长发育的最适温度范围内,潜育期最短。

寄主植物的生长状况和病害的潜育期长短有密切关系。植物生长势强,则抗病力强,病原物潜育期相应延长;而生长势弱、缺乏营养元素或氮素肥料施用过多,植株徒长,则潜育期短,发病迅速。在潜育期如能及时采取利于植物健康生长的栽培管理措施或选用高效、低毒的杀菌剂,可减轻病害的发生。

潜育期的长短还与病害流行程度有密切关系。重复侵染的病害潜育期短。重复侵染的次数越多,病原物繁殖的数量越多,病害流行的可能性越大。

4. 发病期

病害潜育期过后便是发病期，这一时期是指出现明显症状后病害进一步发展的阶段。发病期也是病原物大量繁殖体开始产生的时期，危害程度加重或病害开始流行。发病部位病征显现，如真菌性病害在受害部位会产生孢子、细菌性病害会产生菌脓等。不同真菌性病害孢子形成的早晚时间不一样，如黑粉病、白粉病、霜霉病、锈病的孢子和症状几乎是同时出现的，而多数由寄生性较弱的病原物引起的病害，其大量繁殖体往往在植物产生明显的症状后才产生。

另外，温度和湿度也影响病原物繁殖体的产生，病征的出现需要适宜的温度和较大的湿度，这样病部才会产生大量的孢子或菌脓。有些病害病征不明显，对其发病样本进行一定时间的保湿培养，可以促进病征产生，以便识别病害。

第三节　病害的侵染循环

凡是由生物病原引起的侵染性病害都要经历几个不同的发展阶段，使引致病害的病原物得以发展和延续。这种从上一个生长季节开始发病，到下一个生长季节再度发病的过程称为病害循环。植物病害循环有别于植物病害的生活史。生活史相同的病原物所引起的病害循环可以完全不同。

病害循环包括病原物越冬（越夏）、病原物传播以及病原物的初侵染和再侵染等环节，阻断其中任何一个环节，对病害的防治都能起到很好的作用。

一、初侵染和再侵染

越冬或越夏的病原物在生长季节中首次引起植物发病的过程称为初侵染。在同一生长季节中，受到初侵染而发病的植株上产生的病原物，经传播又侵染健康植株的过程称再侵染，病害在作物生长季节中的发展蔓延，常通过多次再侵染。有些病害只有初侵染，没有再侵染，如黑粉病等；有些病害不仅有初侵染，还有多次再侵染，如霜霉病、白粉病等。在作物生长季节中潜育期短的病害再侵染可重复发生，造成病害流行。

在制定病害防治策略和方法时有无再侵染是重要的依据。对于只有初侵染的病害,设法减少或消灭初侵染源,可获得较好的防治效果。对再侵染频繁的病害不仅要控制初侵染源,还必须加强再侵染各个环节的控制,遏制病害的发展和流行。

二、病原物的越冬与越夏

多数植物病原物在寄主植物上寄生,作物收获或休眠后,病原物以寄生、休眠、腐生等方式越冬和越夏,病原物越冬和越夏的场所一般就是初侵染源。病原物的越冬和越夏与寄主生长的季节性有关,也直接影响下一个生长季节的病害发生。越冬和越夏时期的病原物相对集中,可采取经济、有效、简便的方法降低病原物的基数,以达到最好的防治效果。

植物病原物越冬和越夏的场所大致有以下几种。

1. 田间病株

在一年生、两年生或多年生的作物中,各种病原物都可以不同的方式,在田间的病株体内或体外越冬或越夏。苹果和梨的轮纹病、腐烂病、病毒病以及枣疯病等的病原物可在多年生植物根、茎部越冬或越夏。多种病毒病和细菌病的病原物可在田间杂草上越冬或越夏。

2. 种子、苗木和其他繁殖材料

种子、苗木、块根、块茎、鳞茎和接穗等繁殖材料是多种病原物重要的越冬或越夏场所。种植这些繁殖材料时,植物不仅本身发病,还会进一步成为田间的发病中心,造成病害的蔓延。此外,繁殖材料进行远距离调运时还会将病害带入新区。如菟丝子的种子、小麦粒线虫的虫瘿、麦角菌的菌瘿等混杂在种子中,小麦腥黑穗病菌的冬孢子、谷子白发病菌的卵孢子附着在种子表面,小麦散黑穗病菌潜伏在种胚内,马铃薯环腐病菌在块茎中,甘薯黑斑病菌在块根中越冬或越夏。

在作物播种时,要根据病原物在种子或苗木上的寄生部位选用适合、有效的处理方法,还要对种子等繁殖材料实行检疫检验,以防止危险性病害进一步扩大传播。

3. 病残体

绝大部分非专性寄生的真菌和细菌能在病残体中存活，或者以腐生的方式生活一定的时期。

专性寄生的病毒如烟草花叶病毒（TMV），也能在病残体中存活一定的时期。病残体上的病原物往往是土壤病原物的主要来源。

4. 土壤

土壤是病原物在植物体外越冬或越夏的主要场所。病原物还可以腐生的方式在土壤中存活。病原物的休眠体可以在土壤中存活较长时间，如鞭毛菌的休眠孢子囊、卵菌的卵孢子、黑粉菌的冬孢子、线虫的胞囊等可在干燥土壤中长期休眠。

在土壤中腐生的真菌和细菌，可分为土壤寄居菌和土壤习居菌两类。土壤寄居菌的存活依赖于病残体，当病残体腐烂分解后，其不能单独存活在土壤中，如大多数寄生性强的真菌、细菌属于这种类型；土壤习居菌在土壤中能长期存活和繁殖，寄生性较弱，如腐霉属、丝核属和镰孢霉属真菌等属于这种类型，常引起多种植物的苗期发病。

在多数情况下，连作能使土壤中某些病原物数量逐年增加，使作物病害不断加重。合理的轮作可阻止病原物的积累，有效地减轻土传病害的发生。

5. 粪肥

病原物可随各种病残体混入肥料中。如带菌的作物的枯枝落叶、杂草等是堆肥和沤肥等的材料，有的病原物经过牲畜消化仍能保持生活力而使粪肥带菌。农家肥未经充分腐熟，其中的病原物可以长期存活而引起作物感染，因此使用农家肥时必须将其充分发酵腐熟。

三、病原物的传播

病原物的传播主要是靠外界因素。外界因素包括自然因素和人为因素。自然因素中风、雨、水、昆虫和其他动物的传播力量最大，人为因素中以种子或种苗的调运、农事操作和农业机械的传播力量最大。各种病原物的传播方式和方法不尽相同,真菌主要靠气流和雨水传播,细菌多半靠雨水和昆虫传播,病毒主要靠生物介体传播,寄生性种子植物可以由鸟类和气流传播,线虫主要由土壤、灌溉水传播。

1. 气流传播

真菌产孢数量大,孢子小而轻,非常适合于气流传播。土壤中的细菌和线虫也可被风吹走。气流传播一般距离比较远,传播范围大,容易引起病害流行,很多外来菌源都是靠气流传播。但孢子可以传播的距离并不是传播的有效距离,因为部分孢子在传播途中死去,存活下来的孢子遇到感病的寄主和适合的环境条件才能引起侵染。气流传播病害的防治方法比较复杂,大面积联防联治会取得较好的防治效果,利用抗病品种效果最佳。典型的气流传播病害有小麦条锈病、小麦白粉病等。

2. 雨水传播

雨水传播病原物的形式很常见,传播距离没有气流传播远。灌溉水也能传播病害。如鞭毛菌的游动孢子、炭疽病原菌的分生孢子和病原细菌在干燥条件下无法传播,必须随水流或雨滴传播。在土壤中存活的病原物,如苗期猝倒病、水稻白叶枯病的病原物等,随灌溉水传播,在农事操作管理中要注意采用正确的灌水方式。

3. 昆虫和其他介体传播

昆虫等介体的取食和活动也可以传播病原物。蚜虫、叶蝉、木虱等刺吸式口器的昆虫可传播大多数病毒性病害,咀嚼式口器的昆虫可以传播真菌性病害,线虫可传播细菌性、真菌性和病毒性病害,鸟类可传播寄生性种子植物病害,菟丝子可传播病毒性病害,等等。大多数病原物有较固定的传播方式,如真菌性和细菌性病害多以风、雨传播,病毒性病害常由昆虫和汁液传播。

4. 人为传播

农业生产中的各种农事操作和人类商业活动,常常无意识地传播病原物。各种病原物都会以多种方式由人为因素传播,其中以带病的种子、苗木和其他繁殖材料的调运最为重要。农产品和包装物的流动与病原物传播也有一定关系。在育苗、移栽、打顶去芽、疏花、疏果等农事操作中,手、衣服和工具等会将病原菌由病株传播至健株上。人为传播往往是远距离传播,不受自然条件和地理条件的限制。

5. 土壤传播和肥料传播

土壤和肥料被动传播病原物,实际上是土壤和肥料因被携带到异地从而传播病原物。土壤能传播在土壤中越冬或越夏的病原物,块茎、苗木等携带的土壤可远距离传播病原物,农具、鞋靴等携带的土壤可做近距离传播。混入病原物的肥料,如未充分腐熟,其中的病原物可以长期存活,传播病害。

第四节　植物病害流行的因素

植物病害流行指病原物在一段时间内大量传播,在较大的地域范围内引起植物群体严重发病,并造成较大产量损失的现象,实际上是病原物群体在环境条件和人为干预下与植物群体相互作用导致的。植物病害流行是一个非常复杂的生物学过程,受到寄主植物群体、病原物群体、环境条件和人类活动等多方面因素的影响,这些因素的相互作用决定了植物病害流行的强度和广度。

一、强致病性的病原物

多数病原物群体内有明显的致病性分化现象,具有强致病性的生理小种出现频率高、占据优势,就有利于病害流行。

有些病原物的数量巨大并能有效传播,在短期内能积累巨大数量是病害流行的又一主要原因。对于通过生物介体传播的病害,传毒介体数量也是重要的流行因素。

二、寄主植物

种植感病寄主植物是病害流行的基本前提。抗病品种所利用的主要是垂直抗病性,即由主效基因控制的抗病性。在长期的育种工作中不加选择而会逐渐失去植物原有的水平抗病性(即微效基因综合控制的抗病性),导致抗病品种的遗传基础狭窄,易因病原物群体致病性变化而丧失抗病性,沦为感病品种。

随着农业规模经营和保护地栽培的发展,往往会在特定的地区大面积种植单一农作物甚至单一作物品种,从而特别有利于病原物增殖和病害传播,常导致病害大流行。

三、环境条件

环境条件主要包括气象条件、土壤条件、栽培条件等。有利于病害流行的条件应能持续并满足病原物繁殖和侵染关键时期的要求。

气象条件中温度、相对湿度、雨量、雨日、结露和光照时间的影响最为重要。气象条件能够影响病害在广大地区的流行。气象条件既影响病原物的繁殖、传播和侵入,又影响寄主植物的抗病性。耕作栽培条件中土壤的类型、含水量、酸碱度、营养元素种类及含量等也会影响病害的流行。寄主植物在不适宜的条件下生长不良,抗病能力降低,可以加重病害流行。病害流行是上述几方面综合作用的结果。但是每种病害发病规律不同,流行的主导因素也不同。当寄主植物、病原物条件具备时,环境条件便成为主导因素,而当病原物存在、环境条件又利于发病时,寄主植物抗病性便成为主导因素。如作物苗期猝倒病,品种抗病性无明显差异,土壤中存在病原物,苗床持续低温高湿会导致病害流行,低温高湿就是病害流行的主导因素。

病害流行的主导因素有时是变化的。从长远的观点来看,种植制度的改变、品种的更换、病原物致病性的变化以及抗药性的产生往往是病害流行的主导因素。控制病害流行,必须找出影响流行的主导因素,以便采取相应的措施。

第五节　植物主要病害的症状及病原物

植物得病后在生理和形态上均可以产生改变,患病植物外部形态的反常现象就是症状。症状是诊断植物病害的重要依据之一,可分为病状和病症两种类型,通常把植物本身的反常表现称为病状,而把病原物在植物受害部位所形成的特征性结构称为病症。

由于病害种类、环境条件、发病部位和植物被害时期不同，病状也有各种各样的类型，归纳起来包括五种类型：变色、坏死、腐烂、萎蔫和畸形。病症则直接暴露了病原物在质上的特点，如真菌子实体在寄主表面形成的霉层、黑点、粉状物等，细菌表现出来的菌脓和菌痂。

一、小麦主要病害症状及病原物

1. 小麦赤霉病症状及病原物

（1）症状识别

小麦赤霉病在小麦生长的各个阶段均能发生，主要发生在小麦穗期，造成穗腐；也可发生在苗期，引起苗枯、基腐等症状。以穗腐最为普遍和严重，穗腐在抽穗扬花期发生，导致个别小穗基部或颖壳水渍状褐色斑，整个小穗枯黄，少数小穗病部呈枯褐色，上部其他小穗枯死，不能结实，形成干瘪粒。高湿时在颖壳缝隙和小穗基部出现粉红色霉层（分生孢子座和分生孢子）。后期粉红色霉层处产生蓝黑色小颗粒，即病原菌的子囊壳。

苗枯是由种子和土壤带菌引起的。病苗芽鞘变褐腐烂以致枯死。枯死苗基部可见粉红色霉层。成熟期有时会发生基腐和秆腐，病部可见粉红色霉层，严重时全株枯死。

（2）病原物

有性态为玉蜀黍赤霉 *Gibberella zeae*，子囊菌亚门赤霉属；无性态为禾谷镰孢 *Fusarium graminearum*，半知菌亚门镰孢属。

禾谷镰孢可产生大、小两种分生孢子。大型分生孢子镰刀形，具 3~9 个隔膜；小型分生孢子单细胞，椭圆形或卵圆形，无色，聚集时粉红色。子囊壳球形或近球形，散生于病组织表面或略埋生，蓝紫色或紫黑色，顶部有乳头状突起，有孔口，有子囊多个，子囊无色，棍棒状，内含 8 个子囊孢子。子囊孢子无色，弯纺锤形，两端钝圆，多数具有 3 个隔膜。

我国小麦赤霉病病原菌主要有 5 种，即禾谷镰刀菌、黄色镰刀菌、燕麦镰刀菌、梨孢镰刀菌、雪腐镰刀菌，其中禾谷镰刀菌占 90%以上。

①生理条件

病原菌生长发育需要适温(25 ℃)高湿条件,子囊壳和子囊孢子形成需要自然光照,子囊壳形成还需要基物湿润或空气相对湿度饱和。

②致病性分化

玉蜀黍赤霉菌株不易划分生理小种,致病性可以分化为强、中、弱三种类型,但变异复杂。

③寄主范围

寄主范围很广,自然寄主有小麦、大麦、燕麦、黑麦、水稻、玉米、高粱、棉花、甘蔗、甜菜、茄子、番茄、豌豆、紫云英、苜蓿等作物及冰草、稗子、狗尾草等杂草,共60余种。

2. 小麦颖枯病症状及病原物

(1)症状识别

主要为害穗部,穗部发病时先在顶端或上部小穗发生,颖壳上最初为深褐色斑点,然后逐渐变为枯白色,进而扩展到整个颖壳,其上长满菌丝和小黑点(分生孢子器)。茎节发病呈褐色病斑,病原菌能侵入导管并将其堵塞,使节部畸变、扭曲,上部茎秆折断而死。叶片发病初期为淡褐色长梭形小斑,后病斑扩大成不规则形大斑,中央灰白色,边缘有淡黄晕圈,其上密布小黑点,剑叶受害扭曲枯死。叶鞘也可以发病,后期变黄,使叶片早枯。

(2)病原物

病原物 *Septoria nodorum*,称颖枯壳针孢,属半知菌亚门真菌。分生孢子器暗褐色,扁球形,埋于寄主表皮下,大小 80 ~ 144 μm × 1.88 ~ 15.4 μm,微露。分生孢子长柱形,微弯,无色,单胞,大小 15 ~ 32 μm × 2 ~ 4 μm,成熟时有 1 ~ 3 个隔膜。有性时期在中国尚未发现。

3. 小麦黑颖病症状及病原物

(1)症状识别

在小麦的叶片、叶鞘、穗部、颖片及麦芒上都可以侵染发病。尤以穗部发病最重,穗上病斑最初为褐色,后变为黑色的条斑,发病重时多个病斑会连在一起使颖片变黑发亮。颖片发病后会引起种子感染。得病种子表现为皱缩、不饱满。发病轻的种子颜色变深。叶片发病,初期为水渍状小斑点,逐渐沿叶脉纵向扩展为黄褐色条状斑。穗轴、茎秆发病,形成黑褐色长条状斑。湿度大时,发病部位可产生黄色细菌脓液。

(2)病原物

Xanthomonas campestris,细菌,称野油菜黄单胞菌小麦致病变种。菌体为杆状,极生单鞭毛,革兰氏染色阴性,有荚膜,无芽孢,好氧。生长适温 24～26 ℃,高于 38 ℃ 不能生长,致死温度 50 ℃。油菜黄单胞菌小麦致病变种有许多致病型,除小麦专化型外,还有为害大麦、黑麦的专化型。

4.小麦蜜穗病症状及病原物

(1)症状识别

小麦蜜穗病是伴随小麦线虫而产生的细菌病。小麦抽穗后发生。发病植株从心叶卷曲,叶和叶鞘间有黄色胶质物和细菌菌脓溢出。新抽出的叶片会受到细菌菌脓的影响,其上常粘有细菌分泌物。发病植株的麦穗瘦小甚至不能抽出,护颖间也常有黄色胶质物,干燥后溢脓在穗部或上部叶片上变成白色膜状物,使穗、叶坚挺。湿度大时,溢脓增多或流淌下落。小麦成熟后,黄色胶质物凝结为胶状小粒。

(2)病原物

Clavibacter tritici,棒杆菌属细菌,称小麦棒杆菌。为楔形短杆菌并具有钝圆末端,大小 1.3 μm×0.5～0.7 μm,一般单个或首尾相连成对排列。革兰氏染色阳性,好氧,不产孢子,菌体棍棒状,没有杆状或球形变化的多态性,也无突然折断分裂现象。胞壁中含有二氨基丁酸,G+C 为 51%～59%。

5.小麦全蚀病症状及病原物

(1)症状识别

拔节期冬麦病苗返青迟缓、分蘖少,病株根部大部分变黑,在茎基部及叶鞘内侧出现较明显灰黑色菌丝层。抽穗后田间病株成簇或呈点片状发生早枯白穗,病根变黑,易于拔起。在茎基部表面及叶鞘内布满紧密交织的黑褐色菌丝层,呈"黑脚"状,后颜色加深呈黑膏药状,上密布黑褐色颗粒状子囊壳。该病与小麦其他根腐型病害区别在于种子根和次生根变黑腐败,茎基部生有黑膏药状的菌丝体。幼苗期病原菌主要侵染根和地下茎,使之变黑腐烂,地上表现为病苗基部叶片发黄,心叶内卷,分蘖减少,生长衰弱,严重时死亡。

此病可概括为植株矮小、干枯、白穗黑脚等,因此又称"三黑"——黑根、黑脚、黑膏药。

(2)病原物

属子囊菌亚门真菌。*Gaeumannomyces graminis*,属子囊菌亚门顶囊壳属。在自然条件下不产生无性孢子。小麦全蚀病菌较好氧,发育温度为 3～35 ℃,适宜温度 19～24 ℃,致死温度为 52～54 ℃(温热,10 min)。

6. 小麦粒线虫病症状及病原物

(1)症状识别

穗部典型症状为病穗较健穗短,色泽深绿,颖壳向外张开,露出瘿粒。有时是半病半健,有时一花裂为多个小虫瘿。虫瘿比健粒短而圆,虫瘿顶部有钩状物,侧边有沟,初为油绿色,后变黄褐至暗褐色,老熟虫瘿有较硬外壳,内含白色棉絮状线虫。

(2)病原物

Anguina tritici, 称小麦粒线虫,属植物寄生线虫。雌雄成虫线形,较不活跃,内含物较浓厚,具不规则膜肠状体躯,卵母细胞及精母细胞呈轴状排列。雄虫较小,不卷曲,大小 1.9～2.5 mm×0.07～0.1 mm;雌虫肥大卷曲呈发条状,首尾较尖,大小 3～5 mm×0.1～0.5 mm。卵产于绿色虫瘿内,散生,长椭圆形,大小 73～140 μm×33～63 μm,1 龄幼虫盘曲在卵壳内,2 龄幼虫针状,头部钝圆,尾部细尖,前期在绿色虫瘿内活动,后期则在褐色虫瘿内休眠。

7. 小麦散黑穗病症状及病原物

(1)症状识别

小麦散黑穗病俗称黑疸、灰包等。病害主要为害穗部,少数情况下茎及叶等部位也可发生。病株比健株稍矮,抽穗略早。

穗部受害形成一包黑粉。最初抽出的病穗外面包有一层灰色薄膜,里面充满黑粉,成熟后自行破裂,散出黑色粉末,大部分病穗整穗变为黑粉,即冬孢子。也有少数小穗仍为健全的,留在穗的上半部。

(2)病原物

小麦散黑粉菌 *Ustilago tritici*(Pers.)Jens.,担子菌亚门黑粉菌属;为害大麦的为裸黑粉菌 *Ustilago nuda*(Jens.)Roster。两种病原菌的形态在显微镜下没有区别,都产生冬孢子,冬孢子为球形至近球形,间有不规则形,颜色为棕褐色或褐色,半边色深,另半边色浅,表面有微刺。但两者在萌发和培养性状上不一样,主要区别在于,前者先菌丝的分枝菌丝为双核,而后者为单核。

8.小麦腥黑穗病症状及病原物

在我国主要有网腥黑穗病和光腥黑穗病两种。前者除小麦外还侵害黑麦,后者只侵害小麦。两种病害在我国各省的小麦产区均有发生,光腥黑穗病主要分布在华北和西北各省,网腥黑穗病主要分布在东北、华中和西南各省,长江流域均有发生。

病原菌产生的三甲胺是一种有毒物质,污染小麦后会降低面粉品质,使面粉不能食用,或引起牲畜中毒。

(1)症状识别

症状主要发生在穗部,一般病株较矮,分蘖较多,病穗稍短且直,颜色较深,初为灰绿色,后为灰黄色。颖壳麦芒外张,露出部分病粒(菌瘿)。病粒较健粒短粗,初为暗绿色,后变灰黑色,外包一层灰包膜,内部充满黑色粉末(病原菌厚垣孢子),破裂散出含有三甲胺鱼腥味的气体,故称腥黑穗病。病穗常有鱼腥恶臭味(挥发性的三甲胺)。

(2)病原物

小麦网腥黑穗菌 *Tilletia caries* 和小麦光腥黑穗菌 *Tilletia foetida*,两种腥黑穗菌的区别在厚垣孢子上:光腥黑穗菌厚垣孢子的表面是光滑的,网腥黑穗菌厚垣孢子的表面有网状花纹。

病原菌冬孢子萌发时,产生不分隔的管状担子,担子顶端形成细长、线形担孢子。担孢子数目为 4~20 个,不同性别的单核担孢子常呈"H"形结合,形成双核体,然后萌发形成双核侵染丝侵入寄主。

病原菌冬孢子在低温条件下易萌发,高温、高湿下反而不易萌发。最适温度为 16 ~ 20 ℃ ,最低温度为 0 ~ 1 ℃ ,最高温度为 25 ~ 29 ℃。冬孢子萌发需要一定的光照。

呈粉状或带胶合状的孢子堆大多产生在植物的子房内,常有腥味;冬孢子萌发时,产生无隔膜的先菌丝,顶端产生成束的担孢子。

小麦散黑穗病及小麦腥黑穗病的症状比较见表 1 - 1。

表 1 - 1　小麦黑穗病症状比较

特征	病害种类	
	小麦散黑穗病	小麦腥黑穗病
为害部位	整穗	籽粒
株型	病株直立、较矮	病株较健株稍矮
病穗	穗外包一层灰色薄膜,膜破裂散出黑粉,仅残留主穗轴	麦穗松散,颖片张开较大,病粒微露,膜不易破裂
籽粒	无籽粒	籽粒变为菌瘿(黑粉)
病征	整个病穗变成为黑色粉状物	籽粒变成灰褐色粉状物
气味	无气味	含有毒物质三甲胺,有腥臭味

9. 小麦根腐病症状及病原物

(1) 症状识别

种子受害时,病粒胚尖呈黑色,重者全胚呈黑色。根腐病除发生在胚部以外,也可发生在胚乳的腹背或腹沟等部分。病斑梭形,边缘褐色,中央白色。此种症状又称为"花斑粒"。

该病在多湿地区除引起茎基腐、根腐外还可引起叶斑、茎枯、穗颈枯。幼苗受侵,芽鞘和根部变褐甚至腐烂;在干旱半干旱地区,多引起茎基腐、根腐。病害严重发生时,幼芽不能出土而枯死;在分蘖期,根茎部产生褐色斑,叶鞘发生褐色腐烂,严重时也可引起幼苗死亡;成株期在叶片或叶鞘上,最初产生黑褐色梭形病斑,以后扩大变为椭圆形或不规则形褐色斑,中央灰白色至淡褐色,边缘不明显;叶鞘上的病斑还可引起茎节发病。穗部发病,在湿度较大时,病斑表面也产生黑色霉状物,有时会发生穗枯或掉穗。

(2)病原物

禾旋孢腔菌 *Cochliobolus sativus*。分生孢子在水滴中或在大气相对湿度98%以上,只要温度适合即可萌发侵染,病原菌直接穿透侵入或由伤口和气孔侵入。在25 ℃下病害潜育期5天。气候潮湿和温度适合,发病后不久病斑上便产生分生孢子。

10. 小麦白粉病症状及病原物

(1)症状识别

小麦各生育期均可发生,主要为害叶片,发生严重时也可为害叶鞘、茎秆和穗部。田间观察发病植株可见:叶面病斑多于叶背,下部叶片较上部叶片受害重。

初发病时,叶面出现1~2 mm的白色霉点,后逐渐扩大为近圆形至椭圆形白色霉斑。典型症状为病部表面附有一层白色粉状霉层,后期霉层变为灰色至灰褐色,上面散生黑色小颗粒(闭囊壳);霉层下面及周围寄主组织褪绿,病叶黄化、卷曲并枯死。其粉状物为病原菌的菌丝和分生孢子。发病严重时,植株萎蔫、枯黄,甚至枯死。

(2)病原物

禾本科布氏白粉菌小麦专化型 *Blumeria graminis* f. sp. *tritici*,无性态为串珠粉状孢 *Oidium monilioides* Nees,为半知菌亚门粉孢属。

菌丝体表寄生、无色,在寄主表皮细胞内形成吸器吸收寄主营养。串生分生孢子,椭圆形,单胞无色,大小25~30 μm×8~10 μm;病部产生的小黑点,即病原菌的闭囊壳,黑色球形,闭囊壳球形至扁球形,暗色,大小163~219 μm;附属丝发育不良,闭囊壳内有多个子囊,卵形至椭圆形,大小18.8~23 μm×11.3~13.8 μm。分生孢子梗基部膨大呈近球形。

分生孢子萌发对相对湿度的适应范围较广(0~100%),适宜温度10~20 ℃,一般相对湿度越大,萌发率越高;子囊孢子只有在饱和湿度下才能形成,高湿下才能释放。

小麦白粉病主要为害小麦,有时可为害燕麦、黑麦、雀麦、冰草、鹅观草等禾本科植物20余种。

病原菌有明显的寄生专化性,种下可分为若干个专化型,如小麦专化型、大麦专化型等。根据对小麦品种的致病性差异,可以分成多个生理小种,已鉴定出70多个生理小种,分别对应多个抗病基因。

11. 小麦纹枯病症状及病原物

(1)症状识别

小麦纹枯病主要为害植株基部的叶鞘和茎秆,小麦拔节后症状逐渐明显。发病初期,在地表或近地表的叶鞘上产生黄褐色椭圆形或梭形病斑,以后病部逐渐扩大,颜色变深,并向内侧发展为害茎部。重病株基部一、二节变黑甚至腐烂,常早期死亡。小麦生长中期至后期叶鞘上的病斑呈云纹状花纹。

(2)病原物

有性态为禾谷角担菌 *Ceratobasidium graminearum*(Bourd.)Rogers,担子菌亚门角担菌属;无性态为禾谷丝核菌 *Rhizoctonia cereadis* Vander Hoeven,半知菌亚门丝核菌属。此外,茄丝核菌也可引起小麦纹枯病。

菌丝呈多分枝, 菌丝较细,多分隔,分枝处呈直角或锐角,分枝基部稍缢缩,分枝附近有一隔膜。禾谷丝核菌的菌丝每细胞内含2个核;茄丝核菌的菌丝较粗,每个细胞内有3~23个核,常为4~8个核。

12. 小麦锈病症状及病原物

(1)症状识别

3种锈病共同特点:夏孢子堆铁锈状。

3种锈病症状区别见表1-2。

表1-2　小麦3种锈病的症状区别

特征		种类		
		条锈病	叶锈病	秆锈病
夏孢子堆	为害部位	主要为害叶片,也为害叶鞘、秆和穗	夏孢子堆主要在叶面上产生,冬孢子堆主要在叶背面及叶鞘上产生	主要发生在茎秆及叶鞘上,严重时,叶及穗上也可发生
	形态	最小,黄色疱状	比秆锈病病原菌小而比条锈病病原菌大,橘红色	最大,长椭圆形,深褐色
	叶片穿透情况	不穿透叶片	偶尔叶锈病病原菌也可穿透叶片,在叶片正反两面同时形成夏孢子堆,但叶背面的孢子堆比正面的小	叶片的同一侵染点正反面均出现孢子堆,且背面的孢子堆比正面的大
	表皮开裂情况	开裂不明显	开裂后,散出黄褐色夏孢子粉	表皮很早开裂并外翻
冬孢子堆	在叶片上排列的形式	幼苗上呈多重轮状,在成株上沿叶脉呈条状	排列不规则	排列不规则
	形态	小,疱状,黑色	小,椭圆形,黑色	较大,长椭圆形或长条形,黑色
	表皮开裂情况	不开裂	不开裂	开裂,散出冬孢子

诊断要点:"条锈成行,叶锈乱,秆锈是个大红斑。"

(2)病原物

3种锈病病原菌均为担子菌亚门病原真菌。条锈病:条形柄锈菌 *Puccinia striifo-rmis*。叶锈病:隐匿柄锈菌小麦专化型 *P. recondita* f. sp. *tritici*。秆锈病:禾柄锈菌小麦专化型 *P. graminis* f. sp. *tritici*。

小麦条锈病病原菌喜凉怕热,小麦叶锈病病原菌温度适应范围较大,小麦秆锈病病原菌高低温都比较敏感。小麦锈病病原菌生活史复杂,具有转主寄生现象和多型性。小麦锈病病原菌为专性寄生菌,寄生专化性强,有明显的生理分化现象。

二、水稻主要病害症状及病原物

1. 水稻稻瘟病症状及病原物

(1) 症状识别

水稻稻瘟病是水稻全生育期的一个病害,并且为害各个部位。根据为害时期可以将稻瘟病分为苗瘟、叶瘟、叶枕瘟、节瘟、穗颈瘟、枝梗瘟、谷粒瘟等。叶瘟、穗颈瘟最为常见,危害较大。

①苗瘟

发生于三叶期前,由种子带菌所致。病苗基部灰黑色,上部变褐色,卷缩而死,湿度较大时病部产生大量灰黑色霉层。

②叶瘟

叶瘟有苗叶瘟,发生在三叶期以前,病苗靠近土面的基部变成灰黑色,上部变成淡红褐色而枯死,潮湿时在病部可见到灰绿色霉层;还有叶稻瘟,三叶期后的秧苗和成株期的叶片均可发生,开始时,叶片上出现针头大小的褐色斑点,然后扩大,随水稻抗病性及气候条件不同而形成几种类型的病斑,常见为慢性型和急性型等。

A. 慢性型

为水稻叶瘟常见的典型病斑,梭形。病斑外层为黄色晕圈,亦称为中毒部;内层为褐色,亦称为坏死部;中央灰白色,亦称为崩溃部;病斑两端中央的叶脉常变为褐色长条状,称坏死线。天气潮湿时,病斑背面可产生灰绿色霉层。"三部一线"为该种病斑的主要特征。

B. 急性型

在叶片上形成暗绿色近圆形或椭圆形水渍状病斑,叶片正反两面密生灰绿色霉层。这种病斑在感病品种上最常见,此外,环境条件适合病原菌生长繁殖或者氮肥施用过多时也会发生。病斑发生发展很快,危害很大。如果急性型病斑的数量很多,预示着水稻稻瘟病会大流行。当天气干旱、植株抗病力增强时,可转变为慢性型。

C.白点型

嫩叶发病后,产生白色近圆形或短梭形小斑,不产生孢子。在病害症状显现阶段,温、湿度条件不利于病原菌生长时通常发生白点型病斑。如果条件继续不适,可转为慢性型;若条件适宜,可转变成急性型。

D.褐点型

多在老叶上产生针尖大小的褐点,只产生于叶脉间。这种病斑多发生于抗病品种或稻株下部老叶上,不产生分生孢子。

③节瘟

常在抽穗后发生,多发生于穗下第一、二节位上,初在稻节上产生褐色小点,后渐绕节扩展,使病部变黑,易折断。湿度大时,病部产生大量灰色霉层。后期病节干缩凹陷,易折断,病节上部早枯。

④穗颈瘟

发生于主穗梗至第一枝梗分枝的穗颈部。初形成褐色小点,发展后使穗颈部变褐色,最后呈黑褐色,也造成枯白穗。枝梗、穗轴也可发病,症状与穗茎发病相似。湿度大时,发病部位都可产生灰色霉层。病害严重时,感病穗节处易折断呈倒吊状,故也称吊颈瘟。瘪粒增加、粒重降低,影响稻米品质。

⑤谷粒瘟

发生于谷粒或护颖上,病斑一般为褐色或黑褐色,椭圆形或不规则形,中央为灰白色,严重时谷粒不饱满,米粒变黑。护颖最易感病,其发病情况基本同谷粒发病情况。

(2)病原物

稻瘟病病原菌属半知菌亚门梨孢属真菌。无性态为灰梨孢菌 *Pyricularia grisea* Sacc.,有性态为 *Magnaporthe grisea* (Hebert) Barr.,子囊菌亚门大角间座壳属,自然条件下尚未发现。

病原菌菌丝具隔膜和分枝,初期无色,后变灰褐色。不同菌株在不同培养基上产生的菌落色泽有差异。

分生孢子梗很少单生,不分枝,3~5根丛生,从寄主表皮或气孔伸出,通常2~4隔,淡褐色。孢子脱落后,顶部呈屈膝状。长有5~6个分生孢子。分生孢子洋梨形或倒棍棒形,基部钝圆,顶端狭窄,无色或淡褐色,成熟后常2隔。多数孢子从顶细胞或基细胞萌发,产生芽管,芽管顶端生成附着胞(压力胞),生出侵入丝,侵入寄主组织。该菌可分作7群、128个生理小种。

病原菌菌丝生长温度8~37 ℃,最适温度26~28 ℃。分生孢子形成温度范围为10~35 ℃,最适温度为25~28 ℃。相对湿度在96%以上并有水滴存在时孢子萌发良好,因此稻瘟病病原菌属一种"温暖潮湿型"病原菌。稻瘟病病原菌可以产生多种毒素,目前已经发现5种:稻瘟菌素、吡啶羧酸、细交链孢菌酮酸、稻瘟醇及香豆素。毒素对水稻有抑制呼吸和生长发育的作用。

2.水稻白叶枯病症状及病原物

(1)症状识别

病害主要为害叶片,一般在水稻拔节期开始发病,水稻打苞期至抽穗灌浆期病害加重。病原菌从稻叶的水孔或伤口侵入,引起叶片发病。病害症状可以有下列几种类型。

①叶枯型

是该病的典型症状。主要为害叶片,严重时也为害叶鞘。发生时多从叶尖或叶缘开始,先出现暗绿色水浸状线状斑,很快沿线状斑形成黄白色病斑,随后沿叶脉从叶缘或中脉迅速向下蔓延,形成长而宽的黄褐色大条斑,最后呈枯白色,可以扩展至叶片基部和整个叶片。湿度大时,病部可见黄色菌脓。

②急性型

主要在品种感病或环境条件适宜情况下发生。病斑发生时为暗绿色,迅速扩展,几天内全叶变为青灰色或灰绿色,呈开水烫伤状,随即纵卷青枯。急性型症状出现,表明白叶枯病正急剧发展。

③凋萎型

苗期至分蘖期发生,病原菌从根系或茎基部伤口侵入维管束时易发病。主要表现为病株心叶或心叶下1~2叶先失水、青卷,随后凋萎,其他叶片相继青枯。

④黄叶型

黄化症状不多见。主要症状为早期心叶不枯死,有不规则褪绿斑,后发展为枯黄斑。病株生长受到抑制。

诊断要点：白叶枯病在未产生菌脓时易与生理性枯黄混淆，两者主要区别是受害叶片里有没有细菌，这可用溢菌现象的有无加以鉴别。方法为切取病叶组织放在滴加干净水的载玻片上，盖上盖玻片，半分钟后在光线不太强烈处用显微镜观察，如在与叶脉垂直的切口处见到混浊的液体不断流出，即为细菌性病害，反之为生理性枯黄。

（2）病原物

稻黄单胞菌致病变种 *Xanthomonas oryzae* pv. *oryzae*，黄单胞菌属细菌。

菌体短杆状，单生单鞭毛，两端钝圆。革兰氏染色阴性，无芽孢和荚膜，菌体外具黏质的胞外多糖包围，好氧。在琼脂培养基上生长时，菌落呈蜜黄色或淡黄色，圆滑。

不同地区的菌株致病力不同。南京农业大学、江苏农科院等单位根据在 5 个鉴别品种上的抗感反应，将我国白叶枯病病原菌分为Ⅰ～Ⅶ 7 个致病型。长江流域以北以Ⅱ型和Ⅰ型为主，长江流域以Ⅱ型和Ⅳ型为主，南方稻区以Ⅳ型最多，广东和福建还有少量Ⅴ型菌。

3. 水稻细菌性条斑病症状及病原物

（1）症状识别

病斑初为暗绿色水浸状小斑，很快在叶脉间扩展为暗绿色至黄褐色的细条斑，宽 0.5～1 mm，长 3～5 mm，病斑两端呈浸润型绿色，其上生出很多细小鱼籽状菌脓。白叶枯病斑上菌脓不多，不常见到，而细菌性条斑上则常布满小鱼籽状菌脓。发病严重时条斑融合成不规则黄褐色至枯白色大斑，致使稻株矮化，叶片卷曲。

（2）病原物

稻黄单胞菌稻生致病变种 *Xanthomonas oryzae* pv. *oryzicola*，黄单胞菌属细菌。

菌体单生，短杆状，大小 1～2 μm×0.3～0.5 μm，极生一根鞭毛，革兰氏染色阴性，不形成芽孢荚膜，在肉汁胨琼脂培养基上菌落圆形，周边整齐，中部稍隆起，蜜黄色。生理生化反应与白叶枯病病原菌相似，不同之处是该菌能使明胶液化，对青霉素、葡萄糖反应不敏感。

致病力分化:来自国内 6 个省的 150 个菌株,通过接种 4 个鉴别品种,划分为Ⅰ、Ⅱ、Ⅲ 3 个毒力型。

4.水稻胡麻斑病症状及病原物

(1)症状识别

苗期叶片、叶鞘发病多为椭圆病斑,如胡麻粒大小,暗褐色,有时病斑扩大连片成条形,病斑多时秧苗枯死。成株叶片发病初为褐色小点,渐扩大为椭圆病斑,如芝麻粒大小,病斑中央褐色至灰白色,边缘褐色,周围有深浅不同的黄色晕圈,严重时连成不规则大斑。病叶由叶尖向内干枯,潮湿时,死苗上产生黑色霉状物(病原菌分生孢子梗和分生孢子)。叶鞘上发病病斑初为椭圆形,暗褐色,边缘淡褐色,水渍状,后变为中心灰褐色的不规则大斑。病害还可为害穗颈和谷粒。

(2)病原物

半知菌亚门真菌,无性态为稻平脐蠕孢 *Bipolaris oryzae*,分生孢子梗 2~5个,束状,自气孔伸出,不分枝,稍曲,有隔膜。分生孢子顶生,倒棍棒形或长圆筒形,微弯,褐色,有 3~11 个隔膜,大小 24~122 μm×11~23 μm。有性态为宫部旋孢腔菌 *Cochliobolus miyabeanus*,是子囊菌亚门真菌。

5.水稻稻曲病症状及病原物

(1)症状识别

该病在水稻开花后到乳熟期的穗部发生,主要发生在稻穗中下部。病原菌侵入稻粒后,在颖壳内形成菌丝块,破坏籽粒组织,菌丝块逐渐增大,颖壳合缝处略张开,露出淡黄色块状的孢子座。孢子座逐渐膨大,最后包裹颖壳,使病粒比健粒大 3~4 倍。厚垣孢子黄绿色或墨绿色,表面发生龟裂。一般稻穗中仅形成部分病粒,病粒中心为菌丝组织密集构成的白色肉质块。

诊断要点:穗中有部分籽粒颖壳变成稻曲病粒,比健粒大 3~4 倍,厚垣孢子黄绿色或墨绿色。

(2)病原物

无性态为 *Ustilaginoidea virens*(Cooke)Takahashi,属半知菌亚门真菌,绿核

菌属。有性态为 *Claviceps oryzae sativae* Hashioka,属子囊菌亚门真菌,麦角菌属。厚垣孢子墨绿色,球形或椭圆形,表面有疣状突起。厚垣孢子萌发形成短小、单生或有分枝、有分隔、菌丝状的分生孢子梗,其端部产生几个椭圆形或倒鸭梨形、单胞的分生孢子。菌核扁平、长椭圆形,初为白色,老熟后变黑色,通常 1 个病粒内产生 2 ~ 4 粒菌核,着生在病谷两侧包住谷颖,以 2 粒最常见,成熟时容易脱落。菌核可以产生肉质的子座数个,子囊壳球形,埋生于子座顶部表层,孔口外露,使子座顶部表面呈疣状突起。子囊为长筒形、无色,内并列着生 8 个无色丝状的子囊孢子。

6. 水稻恶苗病症状及病原物

(1)症状识别

发病秧苗淡黄绿色,细长,一般高出健苗1/3 左右。根部发育不良,分蘖少,甚至不分蘖。部分病苗在移栽前死亡。在枯死苗上有淡红色或白色霉粉状物,即病原菌的分生孢子。湿度大时,枯死病株表面长满淡褐色或白色粉霉状物,后期生黑色小点即病原菌子囊壳。病轻的植株提早抽穗,但穗小粒少,或成白穗。抽穗期谷粒也可受害,严重的变褐色,不能结实,在颖壳处生淡红色霉层。

(2)病原物

Fusarium moniliforme,串珠镰孢,属半知菌亚门真菌。分生孢子有大小两型,大型分生孢子多为纺锤形或镰刀形,顶端较钝或粗细均匀,具 3 ~ 5 个隔膜,大小 17 ~ 28 μm × 2.5 ~ 4.5 μm,多数孢子聚集时呈淡红色,干燥时呈粉红色或白色。小型分生孢子卵形或扁椭圆形,无色单胞,呈链状着生,大小 4 ~ 6 μm × 2 ~ 5 μm。有性态 *Gibberella fujikuroi* 称藤仓赤霉,属子囊菌亚门真菌。子囊壳蓝黑色球形,表面粗糙,大小 240 ~ 360 μm × 220 ~ 420 μm。子囊圆筒形,上部圆而基部细,内生排成 1 ~ 2 行的子囊孢子 4 ~ 8 个,子囊孢子长椭圆形,双胞无色,分隔处稍缢缩,大小 5.5 ~ 11.5 μm × 2.5 ~ 4.5 μm。

病原菌菌丝生长的温度范围 3 ~ 39 ℃,最适温度 25 ~ 30 ℃。子囊壳形成温度为 10 ~ 30 ℃,以 26 ℃ 为最适。

7. 稻粒黑粉病症状及病原物

(1) 症状识别

主要发生在水稻扬花至乳熟期,只为害谷粒,每穗受害 1 粒或数粒乃至数十粒,一般在水稻近成熟时显症。染病稻粒呈污绿色或污黄色,其内有黑粉状物,成熟时腹部裂开,露出黑粉,病粒的内外颖之间具一黑色舌状凸起,常有黑色液体渗出,污染谷粒外表。扒开病粒可见种子内局部或全部变成黑粉状物,即病原菌的厚垣孢子。

(2) 病原物

Tilletia barclayana,称狼尾草腥黑粉菌,属担子菌亚门黑粉菌目真菌。冬孢子球形,黑色,大小为 25 ~ 32 μm × 23 ~ 30 μm,表面密布无色或淡色的齿状突起,在显微镜下呈网状,略弯曲,基部宽 2 ~ 3 μm,高 2.5 ~ 4 μm。孢子堆生在寄主子房里,被颖壳包被,部分小穗被破坏,产生黑粉。担孢子线状,无色无隔膜,大小 38 ~ 55 μm × 1.8 μm;次生小孢子膜肠状,大小 10 ~ 14 μm × 2 μm。担孢子萌芽生菌丝或次生小孢子。

8. 水稻干尖线虫症状及病原物

(1) 症状识别

水稻干尖线虫,滑刃线虫属的一种。被害幼苗长至 4 ~ 5 片叶时,从叶尖部分开始卷曲(2 ~ 4 cm),卷曲部分颜色变为灰白色,而后枯死,进而病部脱落。成株主要在剑叶或其下 1、2 片叶的尖端(1 ~ 8 cm)处颜色变为黄褐色渐呈半透明枯萎状,后扭曲而成灰白色干尖,病穗较小,秕谷增多。

水稻感病种子是初侵染源。线虫不侵入稻米粒内,而是在谷粒的颖壳和米粒间越冬。因而带虫种子是本病主要初侵染源。侵入后症状表现为水稻叶尖形成特有的白化,随后坏死,旗叶卷曲变形,包围花序。花序变小,谷粒减少。

(2) 病原物

病原物为 *Aphelenchoides. besseyi*。雌虫和雄虫均为细长蠕虫形,体长 620 ~ 880 μm,头尾尖细半透明。体表有细环纹,侧区有 4 条侧线。雄虫略小于雌虫。唇区扩张,缢缩明显,口器稍突,约 10 μm。食道球发达,呈椭圆形。雌成虫虫体直线形或稍弯曲,体长 504 ~ 732 μm。雄成虫虫体上部直线形,尾部弯曲镰刀状,体长 458 ~ 600 μm,尾侧有 3 个乳状突起。

9. 水稻纹枯病症状及病原物

(1)症状识别

从苗期至穗期都可以发生,主要侵染叶鞘和叶片,以抽穗前后发病受害最重。纹枯病又称为水稻云纹病,俗称花脚秆、烂脚秆。

叶鞘染病在近水面处产生暗绿色水渍状边缘模糊的小病斑,后渐扩大为椭圆形或云纹形病斑,中部呈灰绿色或灰褐色,湿度低时中部呈淡黄色或灰白色,中部组织被破坏呈半透明状,边缘暗褐色。发病重时,经常几个病斑合成云纹状大病斑。重病叶鞘上的叶片常发黄或枯死。叶片病斑与叶鞘相似,但形状不规则,病斑外围褪绿或变黄;病情发展迅速时,病部暗绿色,似开水烫过,叶片很快呈青枯或腐烂状,病害常从植株下部叶片向上部叶片蔓延。湿度大时,病部产生白色至灰白色菌丝及不规则形的暗色菌核。穗颈部受害初为污绿色,后变灰褐色,常不能抽穗,抽穗的秕谷较多,千粒重下降。后期高湿条件下病部还可以见到白粉状霉层,为病原菌的担子和担孢子。

诊断要点:典型症状是在叶鞘和叶片上形成云纹状病斑和菌核,后期产生鼠粪状菌核。

(2)病原物

无性态为茄丝核菌,半知菌类丝核菌属;有性态为瓜亡革菌 *Thanatephorus cucumeris*,担子菌亚门亡革菌属。

菌丝细胞核 3 ~ 23 个,平均 4 ~ 8 个,为多核。

菌核深褐色,圆形或不规则形,较紧密,由菌丝体交织而成,初期白色,后变为暗褐色,表面粗糙,有菌丝相连。一般直径为 1 ~ 5 mm。菌核具萌发孔。

担子倒卵形或圆筒形,顶生 2 ~ 4 个小梗,其上各生 1 个担孢子;担孢子单胞、无色、卵圆形。

茄丝核菌按照菌丝融合的情况划分 14 个融合群(anastomosis group,AG)(亚种),分别是 AG - 1 至 AG - 13 以及 AGBI。水稻纹枯病病原菌属于 AG - 1,在 AG - 1 群各菌株间,致病力也有差异。

茄丝核菌的主要特征:①幼期营养菌丝中细胞多核;②有明显的桶孔隔膜;

③幼期营养菌丝分枝呈锐角,老熟分枝与再分枝一般呈直角;④分枝发生点附近缢缩并形成一隔膜。

10. 水稻苗期病害症状及病原物

烂秧是水稻苗期多种生理性病害和侵染性病害的总称。生理性烂秧常见的有烂种、漂秧、黑根和死苗等。侵染性烂秧有绵腐病、立枯病等。

(1)症状识别

①绵腐病

发生在水育秧田。病原菌存在于污水中,水稻播种后病原菌侵染幼芽。幼芽或幼苗受侵染后,最初在稻种颖壳裂口处或幼芽的胚轴部分出现乳白色的胶状物,后逐渐向四周长出放射状白色絮状菌丝体,病苗常因基部腐烂而枯死。秧田初期为点片发生,若遇低温多雨,病害会迅速扩散。

②立枯病

多发生在旱育秧田、湿润育秧田和保护地育秧的地块,在秧田一般成片发生。发病早的,表现为出苗后植株枯萎,潮湿时茎基部软腐,容易拔断。发病晚的病株逐渐萎蔫、枯黄,仅心叶残留少许青色而卷曲。发病初期,茎不腐烂,根毛无或稀少,可连根拔起,以后茎基部变褐甚至软腐,易拔断。

③诊断要点

绵腐病为在稻种颖壳裂口处或幼芽的胚轴部分向四周长出白色絮状菌丝,病苗基部腐烂而枯死;立枯病为病株萎蔫、枯黄,茎基部变褐、软腐、易拔断。

(2)病原物

①绵腐病

鞭毛菌亚门绵霉属的层出绵霉 *A. prolifera*（Nees）de Bary、稻绵霉 *A. oryzae* Ito et Nagal、鞭绵霉 *A. flagellata* Coker 等真菌,菌丝发达有分枝,无隔。无性繁殖产生游动孢子。有性繁殖产生卵孢子。

②立枯病

有3种病原菌。A. 鞭毛菌亚门腐霉属的腐霉菌 *Pythium* spp.。菌丝发达,无隔,呈白色絮状,孢子囊球形或姜瓣状,萌发产生肾形、双鞭毛的游动孢子。B. 半知菌亚门镰刀菌属的镰孢菌 *Fusarium* spp.。大型分生孢子镰刀状,弯曲或稍直,无色,多分隔。小型分生孢子椭圆形或卵圆形,无色,双胞或单胞。厚垣孢子椭圆形,无色,单胞。C. 半知菌亚门丝核菌属的茄丝核菌 *Rhizoctonia solani* kühn,不产生孢子,只有菌丝和菌核。成熟菌丝褐色,分枝与母枝呈直角状,分枝处有缢缩。离分枝不远处有一分隔。菌核褐色,形状不规则。

三、玉米主要病害症状及病原物

1. 玉米瘤黑粉病症状及病原物

(1)症状识别

玉米瘤黑粉病的主要诊断特征是在病株上形成膨大的肿瘤。属于局部侵染性病害。在整个玉米生长期,玉米的雄穗、果穗、气生根、茎、叶、叶鞘、腋芽等部位均可生出肿瘤,但形状和大小变化很大。其中叶片上病瘤较小,多如豆粒或花生大小,常成串密生,内部很少形成黑粉。雄花大部或个别感病形成长囊状或角状瘤。雌穗被侵染后,多在果穗上半部或个别籽粒上形成病瘤,严重的全穗形成大的畸形病瘤。

病瘤外表有白色、灰白色薄膜,内部幼嫩时肉质、白色、柔软有汁,成熟后变灰黑色、坚硬。病瘤是病原菌的冬孢子堆,内含大量黑色粉末状的冬孢子。

(2)病原物

玉米散黑粉 *Ustilago maydis*,属担子菌亚门散黑粉菌属。冬孢子球形或椭圆形,暗褐色。壁厚,表面有细刺。冬孢子无休眠期,潮湿条件下即可萌发。干燥室内保存,4 年后仍有 24% 的冬孢子可萌发。

2. 玉米丝黑穗病症状及病原物

(1)症状识别

玉米丝黑穗病为苗期系统侵染病害,一般至穗期才表现症状。该病的典型病症是雄性花器变形,雄花基部膨大,内为一包黑粉,不能形成雄穗。雌穗受害果穗变短,基部粗大,多不抽花丝,除苞叶外,整个果穗为一包黑粉和散乱的丝状物,严重影响玉米产量。

(2)病原物

丝轴黑粉菌 *Sphacelotheca reiliana*,担子菌亚门轴黑粉菌属。

病组织中散出的黑粉为冬孢子,冬孢子球形或近球形,黄褐色至暗褐色,表面有细刺。冬孢子间混有不育细胞,近无色,表面光滑。冬孢子在成熟前常集合成孢子球并由菌丝组成的薄膜所包围,成熟后分散。

3. 玉米穗腐病症状及病原物

(1)症状识别

玉米的穗轴及籽粒均可受害,被害果穗顶部或中部变色,并出现黑灰色、黑青色、暗褐色、粉红色霉层,即病原菌的菌体、分生孢子梗和分生孢子。果穗病部苞叶常被密集的菌丝贯穿,黏结在一起贴于果穗上不易剥离,病粒无光泽,不饱满,质脆,内部空虚,常为交织的菌丝所充塞。仓储玉米受害后,粮堆内外长出疏密不等、各种颜色的菌丝和分生孢子,并散出发霉的气味。

(2)病原物

多种病原菌侵染引起的病害,主要由禾谷镰刀菌(*Fusarium graminearum*)、串珠镰刀菌(*Fusarium verticillioides*)、层出镰刀菌(*Fusarium proliferatum*)等多种病原菌侵染引起。其中串珠镰刀菌是优势病原菌。

4. 玉米干腐病症状及病原物

(1)症状识别

在玉米整个生育期都能发病,但以生育后期发生较重。玉米地上部均可发病,但茎秆和果穗受害重。茎秆、叶鞘染病多在近基部的4~5节或近果穗的茎秆产生褐色或紫褐色至黑色大型病斑,后变为灰白色。叶鞘和茎秆之间常存有白色菌丝,严重时病节髓部碎裂,组织腐败,极易折倒。病部长出很多小黑点,即病原菌的分生孢子器。叶片发病多在背面形成长5 cm、宽1~2 cm长条斑,一般不生小黑点。果穗发病多表现早熟、僵化变轻。剥开苞叶可见果穗下部或全穗籽粒皱缩,苞叶和果穗间、粒行间常生有紧密的灰白色菌丝体。病果穗变轻易折断。严重的籽粒基部或全粒有少量白色菌丝体,散生很多小黑点。

(2)病原物

病原物为 *Diplodia zeae*,属半知菌亚门真菌。

5. 细菌性萎蔫病症状及病原物

(1) 症状识别

玉米细菌性萎蔫病发病初期的症状是萎蔫,在叶片上产生线状条斑,颜色为灰绿色至黄色并且有不规则形或波浪形的边缘,与叶脉平行,严重发生时可延伸到全叶。这些条斑迅速变黄褐、干枯,玉米茎部也会受害,症状为在近地面处茎的髓部变为中空。细菌通过维管束扩展,有时从维管束切口处流出黄色菌脓,有的还能进入籽粒。受害玉米植株整株变矮或雄花过早变白死亡。

(2) 病原物

由细菌引起,病原物为 *Xanthomonasstewartii*,称斯氏欧文氏菌(玉米斯氏萎蔫病欧文氏菌)。菌体为杆状,无鞭毛,革兰氏染色阴性,大小为 $0.9 \sim 2.2 \ \mu m \times 0.4 \sim 0.8 \ \mu m$。

6. 玉米小斑病症状及病原物

(1) 症状识别

玉米小斑病常和大斑病同时出现或混合侵染。玉米整个生育期都可以发病,但以抽雄后发病较重,主要发生在叶片上,还可以为害苞叶、叶鞘、果穗和籽粒,重者可造成果穗腐烂和茎秆断折。其发病时间比大斑病稍早。发病初期叶片上出现半透明水渍状褐色小斑点,后变黄褐色,边缘赤褐色,轮廓清楚,有时病斑上有 2 ~ 3 个同心轮纹。病斑呈椭圆形或纺锤形。病斑密集时连片融合,致使叶片枯死。天气潮湿时病斑上生出暗黑色霉状物,是病原菌的分生孢子盘。

玉米小斑病在叶片上因生理小种和玉米细胞质不同,表现为 3 种类型:病斑为椭圆形,扩展受叶脉限制,颜色为黄褐色,边缘为深褐色,为感病类型;病斑为椭圆形或纺锤形,扩展不受叶脉限制,颜色为灰色或黄色,有时病斑上出现轮纹,为感病类型;病斑为黄褐色坏死小斑点,其周围有黄褐色晕圈,病斑不扩大,为抗病类型。

(2) 病原物

无性态为玉蜀黍平脐蠕孢菌 *Bipolaris maydis*,半知菌亚门平脐蠕孢属。有

性态为异旋孢腔菌 *Cochliobolus heterostrophus*，子囊菌亚门旋孢腔菌属。

无性态的分生孢子梗从叶片气孔或表皮细胞间隙伸出，2~3 根束生或单生，伸直或呈膝状弯曲，不分枝，褐色至暗绿色，具分隔。分生孢子从分生孢子梗的顶端或侧方长出，为长椭圆形至梭形，褐色，多弯向一方，中间最粗，两端渐细，脐点不外伸。分生孢子萌发时每个细胞均可伸出芽管。

玉米小斑病病原菌有致病性分化现象，分为 3 个生理小种，分别是 T、C 和 O 生理小种。其中 T 和 C 生理小种具有专化性，分别对玉米的雄性不育的 T 型细胞质和 C 型细胞质具有强毒力。病原菌生理小种能产生专化性的致病毒素。O 生理小种专化性很弱或没有，或许产生少量毒素，主要侵染玉米叶片。

目前，我国玉米产区 O 生理小种出现频率较高，分布也较广，为优势生理小种。

7. 玉米大斑病症状及病原物

(1) 症状识别

玉米在整个生育期均可感染玉米大斑病病原菌。田间发生时往往从植株下部叶片开始发病，逐渐向上扩展。苗期很少发病，抽雄后发病逐渐加重。病原菌主要侵染叶片，严重时也可侵染叶鞘、苞叶和籽粒。叶片发病后，先出现水渍状或灰绿色的小斑点，随后沿叶脉方向迅速扩大，形成黄褐色或灰褐色梭形大斑，病斑中间颜色较浅，边缘较深。严重发病时，多个病斑相互连片，使植株过早枯死。田间湿度较大，大雨过后或露水较重时，病斑表面常密生一层灰黑色的霉状物（病原菌的分生孢子梗和分生孢子）。病斑多呈梭形，灰褐色或黄褐色。枯死株根部腐烂，果穗松软而倒挂，籽粒干瘪细小。

诊断要点：叶片上出现梭形大斑，病部有灰黑色的霉状物。

(2) 病原物

有性态为大斑刚毛座腔菌 *Setosphaeria turcicum* (Luttrell) Leonard et Suggs，属子囊菌亚门真菌，毛球腔菌属。无性态为玉米大斑突脐蠕孢菌 *Exserohilum turcicum* (Pass.) Leonard et Suggs，属半知菌亚门真菌，突脐蠕孢属。分生孢子梗多单生或 2~6 根丛生，从气孔中伸出，橄榄色，一般不分枝，直立或上部膝状弯曲，有 2~8 个隔膜。多数分生孢子有 4~7 个隔膜，着生在分生孢子梗顶端或弯曲处。分生孢子有直的或弯的，灰橄榄色，两端渐细，中间宽，呈梭形，基部细胞尖锥形,顶端细胞钝圆或长椭圆形;脐点明显且突出于基细胞之外。萌发时由分生孢子两端产生芽管,越冬前形成厚垣孢子。

四、大豆主要病害症状及病原物

1. 大豆花叶病症状及病原物

(1)症状识别

由于大豆品种、气温、病毒种类以及感病时期早晚不同,表现症状常有很大差异。常见症状可分为花叶、轻花叶、黄斑花叶、卷叶、曲叶、畸形叶、疱叶、皱缩、矮化和顶枯等 10 种。

典型症状为植株矮化,叶片呈黄绿相间的花叶并皱缩,叶缘下卷或叶片扭曲,质地硬脆,叶脉变褐,有时沿叶脉两侧有许多疱状突起。病株的种子常出现斑驳或变色,其斑驳色泽与豆粒脐部颜色有相关性:褐色脐的豆粒斑驳呈褐色,黄白色脐的斑驳呈浅褐色,黑色脐的斑驳呈黑色。

(2)病原物

大豆花叶病毒 Soybean mosaic virus,简称 SMV,马铃薯 Y 病毒属。病毒粒体线状,大小 650 ~ 760 nm × 13 nm。

病毒钝化温度 60 ~ 70 ℃,稀释限点 $1:1 \times 10^5$,体外保毒期室温下 4 ~ 5 天。该病毒在东北划分了 3 个株系群,包括 5 个株系。江苏分出 6 个株系。东北的 1 号株系群即江苏的 Sd 群及 Sf 群,东北的 3 号株系群即 G5 群。

2. 大豆灰斑病症状及病原物

(1)症状识别

大豆灰斑病病原菌对大豆的叶、茎、荚、籽实均能侵染,造成危害,其中以叶和籽实危害最重。

①叶片受害症状

对叶片的危害主要是在叶片上形成坏死斑,并能重复感染,导致叶片枯黄,直到脱落,严重影响产量。幼叶:子叶上病斑圆形或椭圆形,深褐色略凹陷,气候干燥病斑不扩展;若苗期低温多雨,子叶上病斑则可迅速扩展至生长点,致使幼苗枯死。成株叶片：成株期复叶叶片病斑圆形或椭圆形，中央灰色，边缘褐色，病斑病部与健全组织分界明显，潮湿时病斑背面有密集的灰色霉层，严重时叶片布满病斑，并可互相合并，使叶片枯干。

②茎秆、豆荚受害症状

茎秆病斑为圆形或椭圆形，中央灰色，边缘褐色，并有不太明显的霉状物。豆荚上病斑亦为圆形或椭圆形，稍下陷，颜色与叶斑相似，因豆荚表面多毛，故肉眼常不易见到病症，即霉层。

③籽实受害症状

籽粒上的病斑圆形，灰褐色，边缘深褐色，发病轻的病粒只有褐色小斑点，重者病斑圆形或不规则，中部灰色，边缘深褐色，严重的表面粗糙，并有细小裂纹。

（2）病原物

大豆灰斑病病原菌（*Cercospora sojina*）分生孢子梗 5～12 根丛生，从气孔伸出，不分枝，有膝状节，孢痕明显。分生孢子梗以 2～25 根成簇生长，分生孢子梗的大小为 52～120 μm×4～6 μm，颜色从淡褐色到深褐色。分生孢子产生于分生孢子梗的顶部，随着孢子梗的不断生长，产生的孢子分散开来。通常情况下，一个分生孢子梗可以产生 1～11 个孢子。由分生孢子梗产生的孢子，初期是无色透明的，形状多为倒棍棒状或圆柱形，但随着孢子的不断伸长渐渐变成梭形，而且朝着顶部方向逐渐变尖。分生孢子能够牢牢地附着在分生孢子梗上，因为它的基部通常是钝圆的，并且带有一个圆形的痕迹增加其附着力。孢子的形状和大小因病原菌生长的培养基的成分不同而有差异。分生孢子多为倒棒形、圆柱形，无色，基部截形，具 1～9 个隔膜，顶端近截形，孢痕显著，大小为 51～128 μm×5～6 μm；孢子遇水，在 1 h 内即可萌发，孢子萌发时，会从端点的细胞（偶尔也会从层间的细胞）长出 1 个或几个芽管。大豆灰斑病病原菌的孢子能够耐受长期的干燥条件。在培养过程中，孢子常常会在原位萌发，长出短的芽管，接着产生次生孢子。

该病原菌有生理分化现象，我国用 6 个鉴别寄主鉴定出 11 个生理小种，黑龙江省大豆产区优势生理小种是 1 号、7 号和 10 号生理小种。

3. 大豆疫霉病症状及病原物

（1）症状识别

大豆疫霉病能在大豆全生育期危害。在大豆出苗前可以引起种子腐烂，出苗后可以引起植株枯萎。一般苗期感病植株表现为出苗差、近地表茎部出现水浸状病斑、叶片变黄萎蔫，严重时植株猝倒死亡。成株期植株受侵染后下部叶片变黄，随后上部叶片逐渐变黄并很快萎蔫；近地表茎部病斑褐色，并可向上扩展，茎皮层及髓变褐；根腐烂，根系发育不良；未死亡病株的荚数明显减少，空荚、瘪荚较多，籽粒皱缩。在潮湿条件下，根部侵染的病原菌可以产生大量游动孢子，孢子随雨水飞溅，为害茎部和叶片，甚至出现病荚。其症状为绿色豆荚基部出现水浸状斑，病斑逐渐变褐并从荚柄蔓延至荚尖，最后整个豆荚呈黄褐色干枯，种子失水干瘪。

（2）病原物

大豆疫霉病病原菌喜欢生活在潮湿凉爽的环境中，多数大豆疫霉病病原菌的菌丝生长最适温度为 25 ~ 28 ℃，最高为 35 ℃，最低为 5 ℃。其无性繁殖产生游动孢子的最适温度为 20 ℃，最低温度为 5 ℃。在潮湿有水膜存在时，孢子囊产生大量的游动孢子，游动孢子游动一段时间后休眠形成休止孢，遇到合适寄主组织，休止孢萌发产生芽管侵入寄主表皮。孢子囊释放游动孢子的最适温度为14 ℃；当孢子囊成熟后，如果遇到干燥的条件，孢子囊将直接萌发产生芽管，最适温度为 25 ℃。卵孢子形成的最适温度为 18 ~ 23 ℃，卵孢子萌发以27 ℃最快，通常卵孢子形成到成熟需要 1 个月的时间。

大豆疫霉病病原菌的营养体为发达的无隔菌丝体，菌丝宽 3 ~ 9 μm，易卷曲；菌丝体珊瑚状；菌丝可形成菌丝膨大体和厚垣孢子。孢囊梗无特殊分化，顶生游动孢子囊。游动孢子囊倒梨形、椭圆形或长筒形，无乳突，游动孢子在孢子囊内形成，成熟时将游动孢子释放到薄壁泡囊中，泡囊迅速膨大并破裂；有时游动孢子滞留在游动孢子囊内并萌发，产生芽管穿透游动孢子囊壁。游动孢子囊也可直接萌发，其作用相似于分生孢子。游动孢子囊不具脱落性，内层出。游动孢子卵圆形，一端或两端钝圆，侧面平滑，有两根鞭毛，尾鞭长度是茸鞭的 4 ~ 5 倍；游动孢子的运动期可持续几天，在休止孢形成之前，运动变得缓慢和颠簸；休止孢以芽管方式萌发，对植物形成侵染；有时休止孢萌发产生次生游动孢子；

偶尔,芽管的顶端形成小型游动孢子囊。大豆疫霉病病原菌有性生殖为同宗配合。藏卵器球形或亚球形,直径 29～58 μm,壁薄。雄器多为长形,侧生,偶围生。藏卵器受精后发育成卵孢子。卵孢子萌发产生芽管,芽管随后形成菌丝或产生游动孢子囊,其大小为 42～65 μm×32～53 μm。

大豆疫霉病病原菌在 PDA 培养基上生长缓慢,菌落均匀,白色,边缘不整齐;气生菌丝致密,呈棉絮状。在利马豆、玉米粉、V_8 等培养基上生长较快,菌落均匀,边缘整齐。

4. 大豆霜霉病症状及病原物

(1)症状识别

大豆霜霉病在大豆各生育期均可发生,主要为害叶片。带菌的种子能引起幼苗系统侵染,子叶不表现症状,真叶和第 1～2 片复叶陆续表现症状。在叶片基部先出现褪绿斑块,后沿着叶脉向上伸展,出现大片褪绿斑块。病斑背面密生灰色霉层,最后病叶变黄转褐而枯死。叶片受再侵染时,形成褪绿小斑点,以后变成褐色小点,背面产生霉层,为病原菌的孢囊梗和孢子囊。受害重的叶片干枯,早期脱落。豆荚被害,外部无明显症状,但荚内有很厚的黄色霉层,为病原菌的卵孢子。被害籽粒色白而无光泽,表面附有一层黄白色粉末状卵孢子。病苗上形成的孢子囊传播至健叶上进行再侵染,形成边缘不明显、散生的褪绿小点,扩大后形成多角形黄褐色病斑,也可产生灰白色霉层。严重感病的叶片全叶干枯,引起早期落叶。

诊断要点:出现褪绿斑块,潮湿时叶片背面褪绿部分产生较厚的灰白色霉层。

(2)病原物

大豆霜霉病的病原物为东北霜霉菌 Peronospora manshurica,属鞭毛菌亚门。孢囊梗为二叉状分枝,分枝末端尖锐,向内弯曲略呈钳形,无色。顶生单个倒卵形或椭圆形的孢子囊,单胞,无色,多数有乳状突起。卵孢子球状、黄褐色、厚壁,表面光滑或有突起物。

5. 大豆紫斑病症状及病原物

(1) 症状识别

该病发生时为害大豆的叶、茎、荚和籽粒。苗期发生时,子叶上产生褐色至赤褐色圆形斑,云纹状。真叶发病初生紫色圆形小点,散生,扩展后形成多角形褐色或浅灰色斑。茎秆发病形成长条状或梭形红褐色斑,严重的整个茎秆变成黑紫色,上生稀疏的灰黑色霉层。豆荚发病病斑圆形或不规则形,病斑较大,灰黑色,边缘不明显,干后变黑,病荚内层生不规则形紫色斑,内浅外深。豆粒发病形状不定,大小不一,仅限于种皮,不深入内部,症状因品种及发病时期不同而有较大差异,多呈紫色,有的呈青黑色,在脐部四周形成浅紫色斑块,严重的整个豆粒变为紫色。

(2) 病原物

病原物为菊池尾孢,*Cercospora kikuchii*,属半知菌亚门真菌。病原菌子实体生于叶片正反两面,子座小,褐色,直径 15 ~ 25 μm;分生孢子梗簇生,分枝或不分枝,淡褐色,大小 45 ~ 200 μm × 4 ~ 6 μm。分生孢子无色,鞭状至圆筒形,顶端稍尖,具分隔,隔膜多的可达 20 个以上。

6. 大豆细菌性斑点病症状及病原物

(1) 症状识别

大豆细菌性斑点病主要为害幼苗、叶片、叶柄、茎及豆荚。幼苗发病症状表现为子叶上产生半圆形或近圆形褐色斑。叶片发病症状表现为产生褪绿不规则形、水渍状的小斑点,而后扩大呈多角形或不规则形病斑,大小 3 ~ 4 mm,病斑中间深褐色至黑褐色,外围具一圈窄的褪绿晕环,病斑连片后融合成枯死斑块。茎部发病症状表现为长条形、暗褐色水渍状病斑,扩展后为稍凹陷、不规则状。荚和豆粒症状为形成暗褐色条斑。

(2) 病原物

Pseudomonas syringae pv,称丁香假单胞菌大豆致病变种,属细菌。菌体杆状,大小 0.6 ~ 0.9 μm,极生 1 ~ 3 根鞭毛,无芽孢,有荚膜,革兰氏染色阴性。在肉汁胨琼脂培养基上,菌落形状为圆形,白色,稍隆起,有光泽,表面光滑,边缘

整齐。

7. 大豆炭疽病症状及病原物

(1)症状识别

苗期发病严重时可以导致幼苗死亡,造成田间缺苗断垄。在成株期,主要为害茎及荚,也为害叶片或叶柄。茎部发病初期形成褐色病斑,其上排列很多不规则的黑色小点。荚发病时小黑点呈轮纹状排列,病荚不能正常发育。苗期子叶发病呈现边缘略浅的黑褐色病斑,病斑扩展后常出现开裂或凹陷;病斑可从子叶扩展到幼茎上,致病部以上枯死。叶片发病内部浅褐色、边缘深褐色。叶柄发病病斑为不规则褐色。病原菌侵染豆荚进而导致种子被侵染。被侵染的种子萌发率低,影响种子质量。

(2)病原物

病原菌为真菌,有性态为子囊菌亚门,*Glomerella glycines*,称大豆小丛壳。子囊壳球形,多个聚生在皮层子座内,直径 180~340 μm。子囊长圆形至棍棒状,大小 30~106 μm×7~13.5 μm。子囊孢子为单胞无色,稍弯曲,大小 13~23 μm×4~6 μm。无性态为 *Colletotrichum glycines*,称大豆炭疽菌,属半知菌亚门真菌。

8. 大豆菟丝子症状及病原物

(1)症状识别

菟丝子病原物有两种,中国菟丝子和欧洲菟丝子。种子椭圆形,大小 1~1.5 mm×0.9~1.2 mm,浅黄褐色。中国菟丝子茎细弱,黄化,无叶绿素,花白色,花柱 2 条,头状,萼片具脊,脊纵行,使萼片现出棱角,以茎蔓缠绕大豆,产生吸盘伸入寄主茎内吸取养分,致受害大豆茎叶变黄、矮小、结荚少,严重的全株黄枯而死。

(2)病原物

中国菟丝子 *Cuscuta chinensis* Lam. ,寄生性种子植物,旋花科菟丝子属。

菟丝子种子萌发的最适温度为 25~30 ℃,低于 15 ℃ 或高于 35 ℃ 均不能萌发;最适土壤湿度为 70%~100%,低于 30% 则不能萌发。菟丝子种子小,出土能力弱,覆土 6 cm 以上便很难出土,覆土 1 mm 出土最快。适合菟丝子生长的温度范围为 21.7 ~ 29.7 ℃。

9. 大豆胞囊线虫病症状及病原物

(1)症状识别

大豆胞囊线虫主要为害根部,胞囊线虫寄生于大豆根上,受害植株地上和地下部均可表现症状。被害植株发育不良,矮小。苗期感病后子叶和真叶变黄,发育迟缓;成株感病地上部矮化和黄萎,结荚少或不结荚,严重者全株枯死。病株地下部根系不发达,须根增多。拔起病株观察,可见根上附有许多白色或黄褐色小颗粒,即胞囊线虫雌成虫,这是鉴别胞囊线虫病的重要特征。被害根很少结瘤。由于胞囊撑破根皮,根液外渗,致次生土传根病加重或造成根腐,使植株提早枯死。

(2)病原物

大豆异皮线虫 *Heterodera glycines*,属异皮科异皮线虫属。

大豆胞囊线虫一生中包括卵、幼虫和成虫 3 个阶段。雌、雄虫异形,雄成虫线形,头尾钝圆,尾端略向腹侧弯曲。雌虫柠檬形,头颈部较尖,先白后变黄褐色。后期雌虫角质层变厚,呈深褐色,体内充满卵,含有大量卵的雌虫尸体称为胞囊。胞囊壁上有短锯齿状花纹,呈不规则横向排列。具突出的阴门锥。肛门和阴门位于阴门锥的顶端。

大豆胞囊线虫由于致病力不同,分为不同的生理小种。目前我国鉴定出的生理小种有 1、2、3、4、5 和 7 号。1 号生理小种主要分布在辽宁、吉林、山东(潍坊及胶东半岛)、江苏等大豆产区,2 号生理小种主要分布在山东聊城、德州等大豆产区,3 号生理小种主要分布在黑龙江、吉林、辽宁等大豆产区,4 号生理小种主要分布在山西、河南、江苏、山东、安徽、河北及北京等大豆产区,5 号生理小种分布在吉林、安徽、内蒙古等大豆产区,7 号生理小种分布在山东、河南大豆产区。

10. 大豆根腐病症状及病原物

(1)症状识别

引致大豆根腐病的尖孢镰刀菌(*F. oxysporum*)多在土壤深层危害,引起大豆根部产生黑褐色病斑,其病斑多为长条形、不凹陷,病斑两端有延伸坏死线。在干旱年份立枯丝核菌(*R. solani*)危害严重,在涝年腐霉菌(*P. ultimum*)危害严重。立枯丝核菌引起大豆根部产生褐色至红褐色病斑,连片形成,病斑凹陷,呈不规则形。腐霉菌则引起无色、褐色的湿润病斑,病斑常呈椭圆形,略凹陷,3 种主要病原菌在田间的病害发生消长动态各具特点,其中立枯丝核菌在田间引起幼苗感病较早;幼苗期发病所致的病痕有利于尖孢镰刀菌的侵染;尖孢镰刀菌从苗期即有侵染,侵染比例较立枯丝核菌高,随着大豆生育进程的推移,其危害呈逐渐加强之势,在大豆整个生育期中分离频率较高;腐霉菌出土前引起烂种、烂芽,出土后导致幼苗猝倒、枯死。

(2)病原物

尖孢镰刀菌在 PDA 培养基上菌落正面为白色,绒毛状和棉絮状,菌落背面紫红色,气生菌丝及孢子无色,显微镜下小孢子较多,圆形或长椭圆形,单孢或双孢,单孢大小为 $7.5 \sim 19.8 \ \mu m \times 3.7 \sim 7.5 \ \mu m$,大型分生孢子镰刀形、弯曲、两端收缩,基部足孢明显,3 ~ 5 个隔膜,以 3 个隔膜占多数,大小为 $13.4 \sim 31.5 \ \mu m \times 2.2 \sim 6.4 \ \mu m$。腐霉菌在 PDA 培养基上菌落正面、反面均为白色,平坦,气生菌丝生长旺盛,菌丝白色、致密、棉絮状,菌丝纤细有分枝、无隔膜、藏卵器球形无色、表面光滑,卵孢子球形、淡黄色、表面光滑、壁较薄。立枯丝核菌在 PDA 培养基上菌落为褐色,有细绒毛,菌丝初为无色,渐变褐色,气生菌丝生长旺盛,为褐色,菌丝粗细不匀,两隔间菌丝大小为 $10 \sim 22 \ \mu m \times 1 \sim 11 \ \mu m$,菌丝隔膜较多,呈直角分枝,分枝处缢缩,在培养基上可形成菌核。

五. 油菜和花生主要病害症状及病原物

1. 油菜菌核病症状及病原物

(1)症状识别

整个生育期均可发病,结实期发生最重。叶片、茎秆、叶柄、花、角果均可受害,茎部受害最重。苗期受害,茎与叶柄初生红褐色斑点,后扩大并变成白色,组织湿腐,上生白色菌丝,病斑绕茎后幼苗死亡,病部形成黑色菌核。

茎部染病初现浅褐色水渍状病斑,后发展为具轮纹状的长条斑,边缘褐色,湿度大时表生棉絮状白色菌丝,偶见黑色菌核,病茎内髓部烂成空腔,内生很多鼠粪状菌核。

成株期受害多从植株下部衰老叶片开始发病。病斑初为圆形、水渍状、暗青色。干燥时病斑部呈纸状,易破裂穿孔。潮湿时病斑迅速扩大,可造成全叶腐烂,病部可生出白色絮状霉层,形成菌核。病害常从叶片蔓延至叶柄和茎秆。

(2)病原物

核盘菌 *Sclerotinia sclerotiorum*,属子囊菌亚门真菌。菌核长圆形至不规则形,似鼠粪状,初白色后变灰色,内部灰白色。全部由菌丝组成,外表无绒毛。

菌核萌发后长出 1 至多个具长柄的肉质黄褐色盘状子囊盘,浅色至肉褐色,喇叭口状,直径 2 ~ 6 mm。子囊盘表面为子实层,由子囊和侧丝构成。子囊棍棒状,无色,内生 8 个子囊孢子,子囊孢子单胞、无色、椭圆形。菌丝无色,分枝,具隔膜。

菌核形成适宜温度为 15 ~ 25 ℃。菌核萌发产生子囊盘柄的适宜温度为 10 ~ 20 ℃,产生子囊盘的最适温度为 15 ~ 18 ℃。菌核抵抗干旱和低温的能力强。子囊盘的形成需要散射光,无光或光照不足时,只能形成子囊盘柄,不形成子囊盘,子囊孢子对温、湿度适应性较广。在 5 ~ 30 ℃,孢子萌发率超过 50%,24 h 内可萌发。

2. 花生叶斑病症状及病原物

(1)症状识别

该病主要在花生生长阶段后期发生,黑斑病始发期比褐斑病稍晚,主要为害叶片,重时也可为害叶柄和茎秆。

病害始发期均在叶片上形成褐色小斑点,病斑逐渐扩大后融合成褐色不规则斑块,在叶柄和茎秆上形成褐色椭圆形病斑。天气潮湿时,在病斑上的小黑点处形成灰褐色霉层。

表 1 - 3　花生叶斑病病斑区别

	花生黑斑病	花生褐斑病
大小	较小,直径多为 2 ~ 5 mm	较大,直径 4 ~ 10 mm
颜色	较深,呈黑褐色且叶斑正面和背面颜色基本相同,老病斑周围常有淡黄色晕圈	较浅,叶斑背面比正面更浅,一般正面为茶褐色,背面则为黄褐色,初期病斑就有明显的黄色晕圈
病征	在叶片背面病斑上产生大量黑色小点(子座),排列呈同心轮纹状	在叶片正面病斑上产生小黑点(子座),散生且不明显

(2)病原物

均为半知菌亚门真菌,尾孢属。黑斑病病原物为球座尾孢菌 *Cercospora personata* Berk. et Curt. ,褐斑病的病原物为花生尾孢菌 *C. arachidicola* Hori。

黑斑病病原菌的子座主要产生于叶斑背面,半球形,暗褐色;分生孢子梗丛生、粗短,褐色,聚生于分生孢子座上,不分枝,0 ~ 2 个隔膜。分生孢子,倒棍棒状,较粗短,橄榄色,多胞,具 1 ~ 8 个隔膜,多为 3 ~ 5 个隔膜。褐斑病病原菌子座多散生于病斑正面,深褐色,分生孢子梗丛生或散生于子座上,黄褐色,不分枝,较细长,0 ~ 2 个分隔,分生孢子倒棍棒状或鞭状,细长,无色或淡褐色,多数为 5 ~ 7 个隔膜。

六、薯类作物主要病害症状及病原物

1. 马铃薯病毒病症状及病原物

(1)症状识别

①皱缩花叶型

叶上出现明显深浅不均匀的斑驳,叶片皱缩,植株矮化。叶尖向下弯曲,叶片、叶柄有黑褐色坏死斑。严重时全株发生坏死性叶斑,叶片呈垂叶并有坏死症状,顶部心叶严重皱缩。

②卷叶型

叶缘向上卷曲,甚至呈圆筒状。病叶较健叶稍小、色淡,变硬革质化,叶脉硬,叶柄竖起,有时叶背呈现红色或紫红色。病株表现不同程度的矮化。韧皮部被破坏,病株的块茎变小,薯块簇生于种薯附近。切开块茎可见导管区的网状坏死斑纹。

③坏死型

叶脉、叶柄、茎枝出现褐色坏死斑或连合成条斑,甚至叶片萎垂、坏死或脱落。

(2)病原物

①马铃薯 X 病毒(Potato virus X,PVX)

病毒粒体呈线条状,由汁液传染,昆虫介体不传染。除为害马铃薯外,还可侵染番茄、茄子、烟草、醋栗、龙葵等植物。单纯的 PVX 侵染马铃薯表现为轻微花叶,叶片大小与健株无明显差异,所以又称普通花叶病。

②马铃薯 Y 病毒(Potato virus Y,PVY)

病毒颗粒呈弯曲长线状,汁液传染,蚜虫介体也可传染。除为害马铃薯外,还可侵染番茄、茄子、龙葵、烟草等。单纯 PVY 侵染马铃薯叶片先表现花叶,以后形成黑色坏死斑或条斑,又称条斑花叶病。

我国发生的马铃薯退化,主要由 PVX 和 PVY 两种病毒复合侵染所致,称为皱缩花叶病。

③马铃薯卷叶病毒(Potato leaf roll virus,PLRV)

引起马铃薯卷叶病,病毒颗粒呈小球形。

此外,还有马铃薯 M 病毒(Potato virus M,PVM)和马铃薯 S 病毒(Potato virus S,PVS)等。

2.马铃薯晚疫病症状及病原物

(1)症状识别

晚疫病主要为害叶片、叶柄、茎和块茎。田间发病最早症状出现在下部叶片上。叶片发病,病斑多从叶尖或叶缘开始发生,初为水浸状褪绿斑,后扩大为圆形或半圆形暗绿色或暗褐色大斑,边缘不明显。在空气湿度大时,病斑迅速扩大,可扩及叶的大半以至全叶,并可沿叶脉侵入叶柄及茎部,形成褐色条斑,使叶片萎蔫下垂,在病斑边缘有一圈白霉。薯块感病形成淡褐色或灰紫色不规则形病斑,稍微下陷,病斑下面的薯肉变褐色,病薯易被其他腐生菌侵染而软腐。

(2)病原物

病原菌为鞭毛菌亚门真菌,疫霉属的致病疫霉 *Phytophthora infestans* (Mont.) de Bary,是一种寄生专化性很强的真菌。病原菌的寄主范围比较窄,在栽培植物中主要侵染马铃薯和番茄。病原菌菌丝无色,无隔膜。病叶上的白色霉状物是孢囊梗和孢子囊,孢囊梗 2~3 根丛生,从寄主的气孔伸出,孢囊梗节状 1~4 个分枝,分枝顶端膨大产生孢子囊。孢子囊单胞,卵圆形,顶部有乳状突起,基部有明显的脚胞。孢子囊内产生游动孢子,孢子囊和游动孢子在水中才能萌发,孢子囊需要 95%~97% 的湿度才能大量形成。

3.马铃薯环腐病症状及病原物

(1)症状识别

环腐病是一种细菌性维管束病害,可引起植株地上部分茎叶发生萎蔫和地下部分沿块茎维管束发生环状腐烂。

①地上部症状

萎蔫型:病害发生自顶端复叶开始萎蔫,初期在中午症状较明显,早晚或遇雨可恢复,以后随病情扩大而不能恢复。病叶逐渐黄化凋萎甚至枯死,但不脱落。

枯斑型:初期在下部复叶的顶端小叶先发病,叶尖或叶缘呈褐色,叶脉呈黄绿色或灰绿色,有明显斑驳症状,同时叶尖渐枯干并向叶面纵卷。顶端小叶出现枯斑后,其他小叶渐出现枯斑。病害逐渐向上蔓延,最后遍及全株而枯死,此类病株一般不结薯,即使结薯也少而小,病株茎基部的切面上可看到维管束变为黑褐色。

②薯块症状

从薯块外观不易区分病、健薯,病薯仅脐部皱缩凹陷变褐色,在薯块横切面上可看到维管束部分变成黄色或褐色,严重时甚至皮层与髓部脱离,用手挤压,可以看到从维管束部分挤出乳白色或黄色菌脓。经越冬贮藏的病薯芽眼干枯变黑,甚至有的外表开裂。轻病薯出苗后形成病株,重病薯播种后,有的不出芽,有的出芽不久便死亡。

(2)病原物

病原物为植物病原细菌,棒形杆菌属,密执安棒形杆菌的环腐亚种 *Claviba-*

cter michiganense subsp. *sepedonicum* Davis et al. 。菌体短杆状,大小 0.8 ~ 1.2 μm×0.4~0.6 μm,无鞭毛,单生或偶尔成双,不形成荚膜及芽孢,好氧。在培养基上菌落白色,薄而透明,有光泽,人工培养条件下生长缓慢,革兰氏染色阳性。本病原菌对寄主的专化性较强,在自然情况下只为害马铃薯。

4. 甘薯黑斑病症状及病原物

(1)症状识别

本病在甘薯幼苗期、大田生长期和贮藏期均可发生,主要为害块根及幼苗茎基部,不侵染地上部分的茎蔓。育苗期染病,多由种薯带菌引起。病害发生时多在近地表茎基部现近圆形、黑色凹陷斑,其幼茎、须根亦变黑腐烂,终致死苗"烂床",严重时病部产生灰色霉层。块根以收获前后发病为多,病斑为褐色至黑色,扩大后呈不规则形、轮廓明显、略凹陷的黑绿色病疤,中央稍凹陷,上生有黑色霉状物或刺毛状物,病薯变苦,不能食用。贮藏期可继续蔓延,造成烂窖。

(2)病原物

甘薯长喙壳菌 *Ceratocystis fimbriata* Ell. et Hals. ,子囊菌亚门长喙壳属真菌。

子囊壳呈长颈烧瓶状,基部球形,颈部极长,为黑色长喙,子囊梨形或卵圆形,内含 8 个子囊孢子。子囊孢子钢盔状,单胞,无色。

无性态产生分生孢子和厚垣孢子。分生孢子由菌丝顶端或侧面的孢子梗上生成。分生孢子杆状至哑铃状,单胞,无色;厚垣孢子近球形,单胞,厚壁,暗褐色。

病原菌生长适温 25~30 ℃,最适酸碱度 pH =6.6。分生孢子在较低的温度下形成,寿命较短;厚垣孢子在较高的温度下形成,寿命较长。

5. 甘薯茎线虫病症状及病原物

(1)症状识别

甘薯茎线虫病主要为害甘薯块根、茎蔓及秧苗。秧苗根部受害,在表皮上生有褐色晕斑,秧苗发育不良、矮小发黄。茎部症状多在髓部,初为白色,后变为褐色干腐状。块根症状有糠心型、糠皮型和混合型。糠心型,由染病茎蔓中的线虫向下侵入薯块,病薯外表与健康甘薯无异,但薯块内部全变成褐白相间的干腐状;糠皮型,线虫自土中直接侵入薯块,使内部组织变褐发软,呈块状褐斑或小型龟裂;严重发病时,两种症状可以混合发生,为混合型。

(2)病原物

毁灭茎线虫 *Ditylenchus destructor* Thorne,线虫,垫刃线虫科茎线虫属。最早在马铃薯上发现,导致马铃薯腐烂,又称马铃薯腐烂线虫。雌雄虫均呈线形,食道垫刃型。发育适温为 25～30 ℃,－15 ℃停止活动。

该线虫已报道的寄主植物达 70 多种。除为害甘薯外,还为害马铃薯、薄荷、当归等。

6. 甘薯根腐病症状及病原物

(1)症状识别

主要发生在大田期。苗床期虽也发病,但一般症状较轻。苗床期幼苗发病,叶色较淡,生长缓慢,须根上有褐色病斑,拔秧时易从病部折断。大田期秧苗受害,先从须根尖端或中部开始,局部变黑坏死,以后扩展至全根变黑腐烂,并蔓延至地下茎,形成褐色凹陷纵裂的病斑,皮下组织疏松。地下茎受侵染,产生黑色病斑,重病株地下茎大部分腐烂。植株的地上部分节间缩短、矮化,叶片发黄。病薯块表面粗糙,布满大小不等的黑褐色病斑,中后期龟裂,皮下组织变黑。

(2)病原物

有性态为血红丛赤壳 *Nectria haematococca* Berk et Br.,为子囊菌亚门丛赤壳属,子囊壳散生或聚生,形状不规则,浅橙色至棕色或浅褐色,大小 289～349 μm×276～303 μm;子囊棍棒状,内含 8 个子囊孢子,子囊孢子椭圆形至卵形,大小 12～14.4 μm×4.8～6 μm。无性态为茄类镰孢甘薯专化型,菌丝稀,呈绒毛或密绒状至絮状,具环状轮纹,灰白色,大型分生孢子纺锤形,分隔 3～8个,明显,大小 48.4～59.4 μm×4.4～5.6 μm,分生孢子梗短,具侧生瓶状小梗,小型分生孢子卵圆形或短杆状,梗较长,单细胞者多,大小 5.5～9.9 μm×1.7～2.8 μm;厚垣孢子生在大型分生孢子或侧生菌丝上,单生或两个联生,球形或扁球形,大小 7.1~11 μm。

七、烟草主要病害症状及病原物

1. 烟草花叶病症状及病原物

(1)症状识别

烟草植株感染烟草花叶病毒(TMV)的典型症状是花叶,最初在嫩叶上发生脉明,即幼嫩叶片侧脉及支脉组织呈半透明状,以后形成局部枯死的或失绿的环斑,几天后就形成"花叶",即叶片色泽浓淡不均。病毒在叶片组织内大量增殖,使部分叶肉细胞增大或增多,出现叶片薄厚不匀,颜色黄绿相间,皱缩扭曲呈畸形,缺刻较深的症状,严重时叶尖呈鼠尾状。早期发病烟株节间缩短,植株矮化,生长缓慢,不能正常开花结实。能发育的蒴果小而皱缩,种子量少且小,多不能发芽。接近成熟的植株染病后,只在顶叶及杈叶上表现花叶,有时有 1~3 个顶部叶片不表现花叶,但出现坏死大斑块。

由黄瓜花叶病毒(CMV)引致的疱斑花叶病,初期症状也是叶脉透明,几天后变为花叶,叶片变窄、扭曲,表皮茸毛脱落,失掉光泽。有的病叶粗糙,发脆如革质状,叶基变长,侧翼变狭变薄,叶尖细长。有的病叶叶缘向上卷曲,时常出现黄绿色或深绿色病斑,这是一个特征。

(2)病原物

引致烟草花叶病的病毒主要有烟草花叶病毒 Tobacco mosaic virus(TMV)、黄瓜花叶病毒 Cucumber mosaic virus(CMV),分别属于烟草花叶病毒属(Tobamovirus)、黄瓜花叶病毒属(Cucumovirus)。

1. TMV 粒体杆状。增殖适温为 28~30 ℃,钝化温度为 93~98 ℃,稀释限点为 $1×10^7$。

2. CMV 粒体球状。钝化温度为 65~70 ℃,稀释限点约 $1×10^4$,体外存活期为 3~4 天。

2. 烟草黑胫病症状及病原物

(1)症状识别

多发生于成株期,少数苗床期发生。幼苗染病,茎基部出现污黑色病斑,或从底叶发病沿叶柄蔓延至幼茎,引致幼苗猝倒。湿度大时病部长满白色菌丝,幼苗成片死亡。成株期烟株的各个部位均可受害,主要受害部位是成株的茎基部和根部,发病后通常整株死亡。病原菌偶尔也能侵染烟株叶片。

病茎髓部因病原菌产生毒素作用变为黑褐色坏死并干缩呈"笋节"状,片层间生有白色疏松絮状物(菌丝、孢囊梗和孢子囊),潮湿时,病茎外表可见白色絮状物。片层状髓是黑胫病的特征。

不论什么时期发病,烟株叶片初为水渍状暗绿色小斑,后扩大为中央黄褐色坏死、边缘不清晰、隐约有轮纹呈"膏药"状黑斑。叶片均自下而上逐渐发黄萎蔫,直至枯死。病株易拔起,茎秆表面和嵌部呈黑褐色,潮湿条件下,病部长出稀疏的白色态层。

(2)病原物

病原菌为鞭毛菌亚门疫霉属的疫霉烟草致病变种 *Phytophthora nicotianae* Breda de Hean var. *nicotianae*。

病原菌菌丝体无色透明,粗细不一,无隔膜。孢囊梗与菌丝相似,从病组织气孔中伸出,无色透明,无隔膜,单生或 2 ~ 3 根在一起,顶生或侧生孢子囊。孢子囊梨形或卵圆形,老熟时顶端有一乳头状突起,在适宜条件下产生 5 ~ 30 个游动孢子。游动孢子呈圆形或肾形等,内含许多颗粒,侧生两根鞭毛,能在水中游动。遇寄主时鞭毛脱落,萌发产生芽管侵入寄主。在高温等不适条件下,孢子囊可直接产生芽管侵入寄主。病原菌可产生圆形、黄褐色的厚垣孢子。在我国,自然条件下尚未发现卵孢子。菌丝生长温度范围为 10 ~ 36 ℃,适温为 28 ~ 32 ℃。孢子囊形成的温度范围为 13 ~ 35 ℃,最适温度为 25 ~ 30 ℃。游动孢子活动与萌发的温度范围为 10 ~ 34 ℃,最适温度为 20 ℃。

病原菌存在致病性分化现象,其致病力可分为强、中、弱三个类型。我国以安徽菌株致病力最强,河南菌株次之,山东菌株致病力较弱。

3. 烟草赤星病症状及病原物

(1)症状识别

本病主要发生在烟草生长中后期,一般自烟草打顶期开始发病。侵染叶片、茎、花梗及蒴果等。叶片染病多从下部叶片发生,渐向上发展。病斑初为黄褐色小斑点,后发展为褐色圆形或近圆形斑,上具赤褐色或深褐色同心轮纹,周缘有一狭窄的鲜黄色晕圈。条件适宜时,病情加重,病斑相互联合,便会使叶成为碎片。随着烟草植株的成熟,病害逐渐向上部扩展蔓延。潮湿条件下,病斑表面产生深褐色至近黑色霉状物(分生孢子梗及分生孢子)。

(2)病原物

病原物为半知菌亚门链格孢属链格孢菌 *Alternaria alternate*(Fr.)Keissler。菌丝体透明,分隔,无色,有分枝。病组织上长出的分生孢子褐色,链生于梗上;接近孢子梗的分生孢子较大,多胞,呈倒棍棒形,略弯曲或直;在孢子链末端的孢子较小,双胞,椭圆形或豆形。该病原菌生长速度快,可产生毒素。

八、棉花主要病害症状及病原物

1. 棉花苗期病害症状及病原物

棉花苗期病害发生的种类较多,一般危害较重,主要以立枯病、炭疽病和红腐病发生最为普遍,发病率在25%左右,严重年份可达80%。在南方棉区,炭疽病、立枯病危害较重,北方棉区立枯病和红腐病危害较重。棉苗受害后,轻者影响生长,重者造成缺苗断垄,甚至成片枯死。

(1)症状识别

①棉花立枯病

种子萌发前被侵染引起烂种,萌发后未出土前被侵染引起烂芽;棉苗出土后受害,初期在近土面基部产生黄褐色病斑,病斑逐渐扩展包围整个基部呈明显缢缩,病苗萎蔫倒伏枯死。拔起病苗,茎基部以下皮层大多留在土壤中,在缢缩部可见丝状物黏附的小土粒。在子叶中部多产生黄褐色不规则病斑,常穿孔脱落。潮湿时,在病部及其周围土壤表面可见白色稀疏菌丝体。此病发生后常导致棉苗成片死亡。

②棉花炭疽病

棉花整个生长期都能发病,又以苗期和铃期受害严重。棉籽发芽后受侵染,可在土中腐烂,病轻的尚能出土。幼苗出土后,在茎基部产生红褐色梭形病斑,略凹陷并有纵向裂痕,严重时病斑环绕茎基部变黑褐色腐烂,病苗萎蔫死亡。幼苗根部受害后呈黑褐色腐烂,拔病苗时,茎基部以下皮层不易脱落。子叶上病斑黄褐色,边缘红褐色,上面有橘红色黏性物质,即分生孢子。天气潮湿时,病部表面散生黑色小点和橘红色黏质团(分生孢子盘和分生孢子团)。

③棉花红腐病

苗期染病,幼芽出土前受害可造成烂芽。幼茎染病导管变为暗褐色,近地面的幼茎基部出现黄色条斑,后变褐腐烂。子叶、真叶边缘产生灰红色不规则斑,湿度大时全叶变褐湿腐,表面产生粉红色霉层。棉铃染病后初生无定形病斑,初呈墨绿色,水渍状,遇潮湿天气或连阴雨时病情扩展迅速,遍及全铃,产生粉红色或浅红色霉层,病铃不能正常开裂,棉纤维腐烂,呈僵瓣状。

(2)病原物

①棉花立枯病

病原物有性态为瓜亡革菌 *Thanatephorus cucumeris*（Frank）Donk.,属担子菌亚门真菌;无性态为半知菌亚门茄丝核菌 *Rhizoctonia solani* Kühn.。菌丝黄褐色,较粗,分枝基部缢缩,近分枝处有隔膜。菌核黄褐色,形状不规则,菌核间有菌丝相连。担子圆筒形或长椭圆形,无色,单胞,顶生 2～4 个小梗,其上各生 1 个担孢子。担孢子椭圆形或卵圆形,无色,单胞。

②棉花炭疽病

有性态为围小丛壳 *Glomerella cingulata*,无性态为胶孢炭疽菌 *Colletotrichum gloeosporioides*（Penz.）Penz. & Sacc.。分生孢子盘四周分布褐色有隔的刚毛。分生孢子梗短棒状,无色,单胞,顶生分生孢子。分生孢子长椭圆形,有 1～2 个油球。

③棉花红腐病

属半知菌亚门真菌,镰孢属。由多种镰孢引起,主要有串珠镰孢 *Fusarium moniliforme* Sheld. 和禾谷镰孢 *F. graminearum* Schw.。串珠镰孢的小型分生孢子串生,卵形、椭圆形或梭形,无色,单胞,个别有 1 个隔膜;大型分生孢子镰刀形,无色,多数有 3～5 个隔膜。禾谷镰孢没有小型分生孢子,大型分生孢子镰刀形,略弯曲,足胞明显,多数有 3～5 个隔膜。

2.棉花枯萎病症状及病原物

枯萎病是棉花种植期的一种常见重要病害,主要为害棉花的维管束等部位,导致叶片枯死或脱落,该病具毁灭性,一旦发生很难根治。重病株于苗期或蕾铃期枯死,轻病株发育迟缓,结铃少,纤维品质和产量下降。

(1)症状识别

①黄色网纹型

其典型症状是叶脉导管受枯萎病原菌毒素侵害后呈现黄色,而叶肉仍保持绿色,多发生于子叶和前期真叶。

②紫红型

一般在早春气温低时发生,子叶或真叶的局部或全部呈现紫红色病斑,严重时叶片脱落。

③黄化型

多从叶片边缘发病,局部或整叶变黄,最后叶片枯死或脱落,叶柄和茎部的导管部分变褐色。

④皱缩型

病株节间缩短,株型矮小,叶片深绿皱缩。

⑤青枯型

叶片不变色而萎蔫死亡。

以上类型的共性是根茎内部导管变墨绿色,茎的纵剖面呈黑褐色条纹,现蕾期前后,除上述症状外,还有矮缩型病株,即株型矮小,叶片皱缩变厚,叶色变深绿色。

(2)病原物

尖镰孢萎蔫专化型 *Fusarium oxysporum* f. sp. *vasinfectum*。菌丝透明,有分隔,在侧生的孢子梗上生出分生孢子。大型分生孢子镰刀形,略弯,两端稍尖,具 2~5 个隔膜,多为 3 个,大小 22.8~38.4 μm×2.6~4.1 μm。

病原菌大型分生孢子分为 3 种培养型,在不同的培养基上可呈现玫瑰色、淡紫色、白色或红色。Ⅰ型分生孢子纺锤形或镰刀形,多具 3~4 个隔膜,足胞明显或不明显,为典型尖孢类型。Ⅱ型分生孢子较宽短或细长,多为 3~4 个隔膜,形态变化较大。Ⅲ型分生孢子明显短宽,顶细胞有喙或钝圆,孢子上宽下窄,多具 3 个隔膜。

3. 棉花黄萎病症状及病原物

棉花黄萎病是棉花生产中的主要病害之一,被称为"棉花癌症",是棉花生长发育过程中发生最普遍、损失严重的重要病害。该病在世界范围内流行。20世纪80年代末随着我国棉区棉花枯萎病得到有效控制，棉花黄萎病显得尤为突出，其危害越来越重。棉花黄萎病已成为棉花生产中的主要障碍。

（1）症状识别

棉花整个生育期均可发病。发病初期，病叶边缘和主脉间叶肉出现不规则的淡黄色斑块，呈掌状斑驳，叶缘向下卷曲，叶肉变厚发脆。严重时，病叶除主脉及附近仍保持绿色外，其余部分均变黄褐色，呈掌状斑驳。

秋季多雨时，病叶斑驳处产生白色粉状霉层（菌丝及分生孢子）。

根据病症的不同，可以划分为：

落叶型：该菌系致病力强。病株叶片叶脉间或叶缘处突然出现褪绿萎蔫状，病叶由浅黄色迅速变为黄褐色，病株主茎顶梢、侧枝顶端变褐枯死，纵剖病茎维管束变成黄褐色，严重的延续到植株顶部。

枯斑型：叶片症状为局部枯斑或掌状枯斑，枯死后脱落，为中等致病力菌系所致。

黄斑型：病原菌致病力较弱，叶片出现黄色斑块，后扩展为掌状黄条斑，叶片不脱落。

（2）病原物

半知菌亚门轮枝孢属真菌，大丽轮枝菌 *Verticillium dahliae* 和黑白轮枝菌 *V. albo – atrum*。

第二章

植物主要病害抗病性
鉴定技术

第一节　植物主要病害抗病性鉴定方法

一、大豆胞囊线虫病

1. 抗病性鉴定方法

(1) 田间鉴定

①病地双行法

即在发病严重的田间直接种植待鉴定的材料,每个材料旁边同时种一行感病对照。

优点:快速、简单、成本低,可以同时鉴定大量材料。缺点:不能保证每个鉴定材料附近的土壤中线虫密度均匀一致,仅用相邻的感病对照来指示土壤中线虫的密度,而且受气候影响很大。

②病圃种植法

首先建立病圃,经过多年培育,土壤中线虫密度足够大(每100克病土不少于40个胞囊),而且在土壤中分布比较均匀。鉴定时将材料直接种在病圃即可。

该方法主要用于对大量材料进行抗病性初步筛选。

(2) 温室鉴定

①病土盆栽法

将含有胞囊的病土掺入一定量的无菌细砂,混合均匀后放入陶盆中。然后使鉴定材料发芽,当子叶变绿尚未展开时,移入盆钵中,每盆可栽 2~3 株,放置于温室内。控制合适的温度,30~40 天后扣盆洗根,计算根部胞囊数目。

②塑料钵柱法

将病土拌匀装入 20 cm×4.5 cm 的塑料筒中,制成透明的塑料钵柱。鉴定材料首先在蛭石中发芽,当子叶变绿尚未展开时,移入塑料钵柱中,每钵 1 苗或 2~3 苗,放入温室的玻璃钢池中,控制合适的温度。移栽后 30~40 天,倒在搪瓷盘中检查上面的胞囊。

此外,还有盆栽接种法、微盆水浴法、简易温室鉴定法等。

2. 抗病性鉴定分级标准

大豆对胞囊线虫的抗病性表现为数量性状,抗感材料杂交后代呈连续变异,很难明确分组,现分为两类。

(1)以植株着生胞囊数为指标的抗病性分级标准

1960 年,进行遗传研究时,单株胞囊数目≤1 为抗病,1 个以上为感病。1975 年抗病性标准为:高抗,0～7 个;抗病,8～23 个;中抗 24～39 个;中感,40～55 个;高感,55 个以上。

“七五”期间,我国大豆种质抗胞囊线虫鉴定研究协作组经过实践,总结出一套 5 级标准分级法:

0 级(免疫):每株平均胞囊数 0 个。

1 级(高抗):每株平均胞囊数 0.1～3.0 个。

2 级(中抗):每株平均胞囊数 3.1～10 个。

3 级(中感):每株平均胞囊数 10.1～30 个。

4 级(高感):每株平均胞囊数 30.1 个及以上。

(2)以寄生指数为指标的抗病性分级标准

寄生指数(IP) = 鉴定品种每株平均胞囊数 ÷ Lee 平均胞囊数 ×100%

高抗:IP ＜ 10%。

中抗:10% ＜ IP ＜ 30%。

中感:30% ＜ IP ＜ 60%。

高感:IP ＞ 60%。

目前,采用的多是以绝对胞囊数目为抗感病指标的 5 级标准分级法。大豆对胞囊线虫的抗病性属复杂性状,任何一种分级标准均带有主观性,但为了便于研究结果的互相交流,应尽可能采用统一的标准。我国抗胞囊线虫资源筛选始于 20 世纪 70 年代后期。从上万份材料中,筛选出一批抗源材料。其特点是,抗源多为黑种皮,农艺性状不理想,给育种利用带来困难;绝大多数抗源分布在黄淮地区山西、河北两省(发生重)。美国从 1966 年育成第一个抗胞囊线虫品种 Pickett,开创了大豆抗胞囊线虫育种的先河,到 1996 年推广了 64 个抗病品种。我国1981年开始抗胞囊线虫育种工作,1992年育成了抗线1号品种;后来又育成了抗线2号、庆丰1号、嫩丰15号、吉林23号、吉林32号、吉林37号等。

二、大豆灰斑病

1.大豆灰斑病生理小种鉴定

(1)温室鉴定方法

将遗传背景不同的6个大豆鉴别寄主分别播种在直径15 cm、高16 cm的盆钵中,盆土选自大豆田的耕层土,与沙、腐熟厩肥按3∶1∶1混合,每盆钵中种植一个大豆鉴别寄主,播种5粒,留无病健苗2株,在大豆第二片复叶全部展开时接种大豆灰斑病病原菌,每一处理进行2次重复鉴定。不同来源的病原菌株均从单个病斑上分离,获得的单孢菌株在PDA试管斜面上培养10天(25 ℃),用高粱粒培养基进行病原菌扩大繁殖,在25~28 ℃培养15天后,洗去培养基上的表面菌丝,在阴凉干燥处晒干并在冷凉处保存。

接种用新鲜孢子,要提前3~4天做好诱发准备,用无菌水配制孢子液,用2~3层纱布过滤后加3%蔗糖,以增加孢子液的黏稠度,孢子液浓度为10×10视野有孢子8~10个。采用喷雾接种的方法,用电动吸引器带动喉头喷雾器每盆喷孢子液3 mL,制备孢子液及接种时要注意隔离和消毒,要求按菌株分别使用专用器具,以防不同菌种间混杂和污染,接种后在24~28 ℃条件下保湿24 h,然后将盆苗放置室外圃场,接种后2周,进行病斑型调查。

(2)调查标准

病斑型调查,以同一菌株同一鉴定品种经2~3次接种鉴定表现一致时为准,按下列标准记载:

0级:叶片上无病斑;1级:叶片上有小型斑,褐色,直径1 mm以下,不产生孢子;2级:叶片上病斑直径2 mm以下,中央灰白色,边缘褐色,可产生少量孢子;3级:叶片上有直径2 mm以上的中型斑,中央有较大部分灰白色坏死,边缘褐色,产生多量孢子;4级:叶片上有直径3~6 mm的较不规则病斑,灰绿色,边缘不明显,有时病斑连片,叶片枯死较快,产生多量孢子。

黑龙江大豆产区共鉴定出 11 个生理小种,在各大豆生态区分布不同。

第一大豆生态区,共采集大豆灰斑病菌株 12 个,鉴定出 6 个生理小种,分别是 1、2、3、7、8、11 号。其中 1 号为优势生理小种,出现频率为 50%,2 号、3号、7 号和 11 号生理小种出现频率均为 8.3%,8 号生理小种出现频率为16.7%。该大豆生态区主要包括黑龙江省南部的十几个市县。

第二大豆生态区,共采集大豆灰斑病菌株 30 个,鉴定出 5 个生理小种,分别是 1、2、4、6、7 号。其中 1 号为优势生理小种,出现频率为 68.5%,2 号、4 号和 6 号生理小种出现频率均为 3.6%,7 号生理小种出现频率为 20.7%。该大豆生态区包括的市县较多,包括哈尔滨以北、绥化以南、齐齐哈尔以东及黑龙江省东部多个市县。

第三大豆生态区,共采集大豆灰斑病菌株 25 个,鉴定出 7 个生理小种,分别是 1、2、3、6、7、9、10 号。其中 1 号为优势生理小种,出现频率为 40%,2 号、3号和 9 号生理小种出现频率均为 4%,6 号生理小种出现频率为 16%,7 号生理小种出现频率为 20%,10 号生理小种出现频率为 12%。该大豆生态区主要是绥化以北、海伦以南各县以及延寿等山边平原地区。

第四大豆生态区,共采集大豆灰斑病菌株 12 个,鉴定出 5 个生理小种,分别是 1、2、3、7、10 号生理小种。其中 7 号生理小种为优势生理小种,出现频率为 33.4%,1 号生理小种出现频率为 25%,2 号和 3 号生理小种出现频率均为8.3%,10 号生理小种出现频率为 25%。该大豆生态区包括有嫩江、德都、逊克、伊春等。

第五大豆生态区,共采集大豆灰斑病菌株 14 个,鉴定出 3 个生理小种,分别是 1、4、7 号生理小种。其中 1 号生理小种为优势生理小种,出现频率为42.9%,4 号生理小种出现频率为 14.2%,7 号生理小种出现频率为 42.9%。该大豆生态区主要是黑河及黑河以北地区。

第六大豆生态区目前采集的病原菌样本很少,只鉴定出大豆灰斑病菌 1 号生理小种和 7 号生理小种。

2. 大豆灰斑病田间抗病性鉴定

(1) 田间鉴定方法

将要鉴定的大豆品种种植在病情观测圃内,采用人工接种鉴定的方法。每个品种在田间顺序排列,1 行区,2 m 行长,人工双粒点播(间苗后留 1 株),株距 5 cm,重复一次。病情观测圃合理施加 N、P、K 肥。每隔 10 个鉴定的品种行,各播 1 行感病和抗病品种作为对照。试验区的保护行均种植感病品种。

接种用新鲜孢子,要提前 3~4 天做好诱发准备,用无菌水配制孢子液,用 2~3 层纱布过滤后加 3% 蔗糖,以增加孢子液的黏稠度,孢子液浓度为每毫升 1×10^5 个孢子。在大豆生育期进入 R3~R4 阶段选择雨后或傍晚进行接种。共接种两次,每隔 10 天接一次。接种后沟灌充分的水分,以利保湿。

10 天后开始发病调查。根据大豆灰斑病的抗病性评价标准进行。即根据单株发病程度的病级记载,计算病情指数。依据被鉴定品种群体的发病状况,确定抗病性类型。

(2)田间抗病性鉴定评价标准

见表 2-1。

表 2-1　抗病性鉴定评价标准

	高抗(HR)	抗病(R)	中抗(MR)	感病(S)	高感(HS)
级别	1 级	2 级	3 级	4 级	5 级
病情指数	5.0 以下	5.1~20	20.1~60	60.1~80	80.1 以上

三、大豆疫霉根腐病

1.病原菌生理小种鉴定

对将用于抗病性鉴定接种的分离物,首先进行生理小种鉴定。生理小种鉴别寄主采用含有不同抗大豆疫霉根腐病单基因(*Rps* 基因)的大豆品种或品系。

2.病原菌接种体繁殖和保存

在 25 ℃黑暗条件下,将大豆疫霉根腐病菌在含 1.5 % 琼脂的稀释 V₈汁或胡萝卜培养基上培养 8 天,然后用 25 mL 注射器或组织匀浆机将培养物捣碎混匀成糊状用于接种。

将大豆疫霉根腐病菌接种到 V₈汁或胡萝卜斜面培养基上,在 25 ℃黑暗条件下培养 7 天后,放入 10 ℃ 低温保存箱内保存;或在斜面上加入无菌的矿物油(超过斜面顶部 1 cm)后在低温保存箱内或室温下保存。

3. 室内抗病性鉴定

(1)鉴定温室设置

人工接种鉴定温室应具备自动调节温度和光照的条件,以保证良好的发病环境。

(2)接种保湿间的设置

接种保湿间应具备自动调节温度和保持饱和相对湿度(100%)的条件。

(3)鉴定对照品种

鉴定时设大豆品种合丰 25 号或 Williams 作为感病对照。

(4)试验设计

鉴定材料随机或顺序排列,每份材料重复 3 次,每重复 10 株。

(5)鉴定材料培育

每份材料分别取 12 ~ 15 粒种子,播种于以蛭石为基质的直径为 10 cm 的塑料花盆中,出苗前温室温度控制在 25 ~ 29 ℃,出苗后温度控制在 18 ~ 25 ℃,10 ~ 12 天后每份材料留 10 株大小一致的健苗接种。

(6)接种方法

将接种体装入带 7 号或 9 号针头的 2 mL 或 5 mL 注射器,用针尖在大豆子叶下 1 cm 处向下划约 1 cm 长的伤口,然后将接种体注于伤口处。接种后将植株放入保湿间,在 23 ~ 25 ℃、相对湿度 95% ~ 100% 条件下保湿 48 h,然后转入温室培养。

4. 病情调查

(1)调查时间

接种后 5 ~ 6 天进行病情调查。

(2)调查方法

调查每份材料的植株死亡数,计算植株死亡率。

植株死亡率按以下公式计算：

植株死亡率 =（死亡植株数÷接种植株总数）× 100%

5. 抗病性评价

(1) 抗病性评价标准

一个品种（品系）如果有 70% 或以上的植株死亡为感病（S），如有 70% 或以上的植株正常生长则为抗病（R），死亡植株在 31% ~69% 的为中间类型（I）。

(2) 鉴定有效性判别

当感病对照材料植株死亡率等于或大于 70%，该批次抗大豆疫霉根腐病鉴定视为有效。

(3) 重复鉴定

对鉴定为中间类型的品种（品系）进行 2~3 次重复鉴定。

6. 鉴定记载表格

大豆抗疫霉根腐病鉴定结果示例可见表 2-2。

表 2-2 大豆抗疫霉根腐病鉴定结果示例

编号	品种名称	来源	接种株数	死亡株数	死亡率/%
1	绥农 14 号	黑龙江	10	2	20
2	黑河 27 号	黑龙江	10	4	40
3	东农 38 号	黑龙江	10	3	30
4	合丰 35 号	黑龙江	10	6	60
5	黑农 38 号	黑龙江	10	5	50

四、大豆病毒病

1. 田间初步鉴定

将大豆品种资源按来源地顺序种植在田间初步鉴定圃内，每个大豆品种植

1 行,每隔 20 行种 1 行感病品种作为对照,对照品种可为南农 1138 - 2。行长 3 m,行距 40 cm。每行播种 50 ~ 80 粒,大豆真叶期间苗,株距 10 cm,每行留苗 20 ~ 30 株。

2. 防虫大棚复鉴

在防虫大棚内进行复鉴,根据上一步的鉴定结果,将中抗以上的大豆品种资源进入防虫大棚复鉴。每一大豆品种种植 1 行,行长 2 m,行距 20 cm,每行播 20 ~ 50 粒,每隔 20 行种 1 行对照,对照为感病品种(如南农 1138 - 2)。

3. 毒原及接毒方法

田间初步鉴定的毒原要求用当地的流行株系,即山东和北京大豆品种资源用山东 1 号株系,其他地区大豆品种资源用东北 1 号株系。防虫大棚复鉴的毒原要求:山东和北京的大豆品种资源用山东 5 号株系,其他地区大豆品种资源用东北 3 号株系。

接种方法:从防虫大棚内的大豆病毒病发病的植株上收集症状典型病叶若干,用磷酸缓冲液先进行研碎,1 g 叶组织加 5 mL 0.01 mol/L 磷酸缓冲液(pH = 7.0),然后过滤,在病毒汁液中加入 600 目金刚砂和 0.5% 巯基乙醇。在参加鉴定的品种的真叶期用毛笔或手指蘸汁液摩擦接种于叶片上。

4. 调查记载方法

接种 3 ~ 4 周后,在花荚期进行调查,调查记载内容为参鉴品种被鉴定株数、生育时期、主要症状以及各发病级别的病株数。调查后计算病株率、病情指数。此外,在结荚期对田间初鉴结果中表现为中等抗病以上的品种再调查一次,记载症状和各发病级别病株数。

5. 病情及抗病性分级标准

(1)病情分级标准

0 级:无症状,植株生长正常;1 级:叶面轻花叶或斑驳,植株正常;2 级:重花叶,皱缩花叶,植株基本正常;3 级:叶片皱缩畸形,植株略矮;4 级:叶脉系统枯死,芽枯,植株矮化。

（2）抗病性分级标准

0 级：免疫（IM），病情指数为 0；1 级：抗病（R），病情指数为 10% 及以下；3 级：中抗（MR），病情指数为 10.01% ～25%；5 级：感病（S），病情指数25.01% ～40%；7 级：高感（HS），病情指数 40% 以上。

五、玉米大斑病

1. 人工接种鉴定

病原菌来自于人工繁殖植株或从发病田收集的，根据田间自然发病情况，人为创造发病条件，按一定菌源量接种，根据接种材料对病原菌的抗病性表现和病害发生程度，评价参试玉米品种材料对大斑病的抗病性。

2. 接种体

能够侵染玉米并引起病害的病原体。

3. 接种悬浮液

用于接种的含有定量接种体的液体。

4. 鉴定圃设置

（1）鉴定圃选择

设置在玉米大斑病常发区。选择排灌方便、肥力均匀的田块。

（2）田间设置

鉴定玉米大斑病的小区要求土壤肥力水平和耕作管理与大田生产相同。小区设计：行长 4～5 m，行距 0.7 m。供试材料每份种植 1 行，最后留苗 18～25 株。试验设置重复 3 次。供试材料采用随机区组的排列方法，设置抗病和感病的对照各 1 个，一般每隔 50～100 份试验材料设 1 组已知对照。在玉米整个生长期不使用杀菌剂。

5. 接种

(1)接种体制备

将平板培养基培养的病原菌接种于用高粱粒做的二级培养基上,促使大量孢子形成。二级培养基制作方法为:选纯净的高粱粒在沸水中煮 20 ~ 30 min 后,用自来水冲洗 2 遍,滤去水分后装入三角瓶中进行高压蒸汽灭菌 70 min,冷却后待接种用。二级病菌培养在 23 ~ 25 ℃下黑暗进行,培养 5 ~ 7 天后,直到菌丝长满高粱粒表面。接种前用水洗下高粱粒表面的孢子制成悬浮液,悬浮液中分生孢子浓度调至每毫升 1×10^5 ~ 1×10^6 个。

(2)接种时期

玉米小喇叭口始期至大喇叭口中期。接种时间最好选择在雨后或阴天。

(3)接种方法

接种悬浮液按每株 5 mL 用量接入玉米喇叭口中。

6. 接种前后的田间管理

接种前应先进行田间浇灌或在雨后进行接种,接种后若遇干旱,应及时进行田间浇灌。

7. 病情调查

(1)调查时间

根据品种的生育期,一般中等熟期的品种在乳熟后期进行调查。

(2)调查方法

采取目测的调查方法,根据供试鉴定品种群体的发病情况进行分级。调查主要部位为玉米果穗的上方叶片和下方 3 叶,对每份供试材料进行病害症状描述,按排列顺序对材料进行调查并记载发病级别。

8. 发病级别

根据玉米大斑病发病程度不同,共分为 5 个级别。

1 级:穗位下部叶片上有零星病斑,其他叶片上无病斑,病斑占叶面积小于或等于5%。

3级:穗位上部叶片有零星病斑,穗位下部叶片上有少量病斑,病斑占叶面积6%~10%。

5级:穗位上部叶片有少量病斑,穗位下部叶片上病斑较多,病斑占叶面积11%~30%。

7级:穗位上部叶片或穗位下部叶片有大量病斑,病斑相连,病斑占叶面积31%~70%。

9级:全株叶片全部发病,多数叶片枯死。

9.抗病性评价

(1)鉴定准确性判别

当鉴定圃中设置的感病和高感玉米对照品种发病程度达到7级或9级,这一批次玉米品种抗大斑病鉴定结果视为有效。

(2)抗病性评价标准

依据供试鉴定材料发病的普遍率和严重度,确定其对大斑病的抗病性水平,对应5个级别具体划分标准如下。

发病级别1:高抗(HR)。

发病级别3:抗病(R)。

发病级别5:中抗(MR)。

发病级别7:感病(S)。

发病级别9:高感(HS)。

六、玉米丝黑穗病

玉米丝黑穗病病原菌的收集:玉米丝黑穗病主要发生在玉米雌穗和雄穗上,所以应在该病常发病田块采集发病植株上的样本,采集最好在发病雌穗和雄穗外部包膜未破裂时进行。采集的发病样本应放在阴凉通风处慢干,装好后在干燥条件下保存,为下一年接种鉴定的菌源。

1. 鉴定病圃

鉴定病圃设在多年玉米丝黑穗病发生的病区或人工接种培植的圃场。

2. 菌土制备

取上年采集的玉米丝黑穗病发病的雌穗和雄穗并剥除里面的轴心和外部的苞叶等组织,充分碾碎使病原菌的冬孢子团分散并过筛,除去病原菌之外的杂物,获得纯正的玉米丝黑穗病病原菌菌粉。菌粉与土壤的比例为 100 g 菌粉:100 kg 细土, 混合后要搅拌均匀,装好后待播种时接种用。

3. 播种与接种

春季温度上升到适合播种玉米时开始播种鉴定材料,供试品种每份种植 1 行 ,每行种 25 穴, 每穴点播种子 4 粒,行、穴距为 60 cm × 50 cm,供试品种依据生育期进行编号,在田间鉴定圃顺序排列,鉴定同时要在小区内设对照品种,一般设 Mo17 为高抗对照、黄早四为高感对照,要求每隔 50 份参鉴品种设置 1 组对照品种。接种时将已配制好的菌土 100 g 覆盖种子上,然后再覆盖田土稍加踏实。田间玉米幼苗生长到 4 ~ 5 片叶时间苗,每穴随机留苗 2 株。

4. 病情调查及抗病性评价标准

在玉米生育期进入乳熟后期时,对供试材料逐株调查, 记载项目为调查总株数、发病株数,然后计算发病率。根据调查品种的发病率,评价供试品种的抗病性。

1 级:高抗(HR),发病率在 0 ~ 1.0%;3 级:抗病(R),发病率在 1.1% ~ 5.0%;5 级:中抗(MR),发病率在 5.1% ~ 10.0%;7 级:感病(S),发病率在 10.1% ~ 40.0%;9 级:高感(HS),发病率在 40.1% ~ 100%。

在一次鉴定中,供试品种表现为中抗以上的,第二年用相同的田间设计和接种方法进行重复鉴定,以便准确评价供试品种的抗病性水平,在 2 次重复鉴定中对抗病性的评价以发病率最高者为准。

七、水稻稻瘟病

1. 苗期鉴定

(1) 育苗方法

参加鉴定的品种先用药剂浸种、催芽;选取发芽势强的种子用于育苗,在装有肥沃土壤的育苗盆里单粒条播,每品种播 10 株;苗间距为 5 cm 左右,每一盆中都要设抗病和感病对照,2 叶期定苗并根据生长势施氮肥,达到利于发病的状态。

(2) 重复

按育苗操作过程重复 3 次,参加鉴定品种采用随机排列的方法。

(3) 接种体准备

根据试验要求选用所需生理小种的菌株,先将菌株进行纯化培养,可选用酵母培养基,培养时间为 7 天(恒温 26 ℃),长好的菌株用打孔器切取菌丝块,直径大小为 2 mm,然后进行产孢培养。产孢培养基的配方:酵母 2.5 g,琼脂 20 g,米糠 20 g,蒸馏水 1 000 mL。培养时间为 8 ~ 10 天(恒温 26 ℃),从 7:00 至 19:00 进行日光灯辅助照射,光照时间 12 h 左右。

培养好的稻瘟病菌要观察病原菌产孢情况,一般用血球计数板在光学显微镜下进行,孢子悬浮液的浓度调节到每毫升 2×10^5 个孢子左右,即可作为苗期喷雾的接种体。

(4) 接种时间

为 3 ~ 4 叶期。

(5) 接种方法

在接种体中加入 0.5% ~ 0.8% 的吐温 – 20 进行喷雾接种,每 10 株苗约喷 3 mL;接种后于 26 ~ 28 ℃下黑暗保湿(RH = 95%)24 h,保湿完成后将育苗盆移至盆栽圃场,要求在温度 25 ~ 30 ℃、湿度高于 95% 的条件下培育。

(6) 调查部位

水稻叶片。

（7）调查时间

接种后 7~10 天进行调查；调查前要先看感病品种的发病情况，感病品种发病程度不小于 S2 方可认为试验有效。

（8）病情调查、记载

根据病害发生严重度和病斑型来记载。一般以发病最重的稻株作为该品种的抗病性级别。以病斑是否典型、病斑大小及数量记载病情，详见调查标准。

（9）分级标准

苗期调查分级标准：

高抗（HR），植株无病；抗病（R），植株上产生针尖大小或稍大的褐点斑；中抗（MR），植株上产生圆形或椭圆形灰色的小病斑，直径 1~2 mm，边缘褐色；中感 1（MS1），植株病斑典型，呈纺锤形，通常局限于两条主脉间，长 1~2 cm，受害面积 2% 以下；中感 2（MS2），植株病斑典型，受害面积 2.1%~10%；感病 1（S1），植株病斑典型，受害面积 10.1%~25%；感病 2（S2），植株病斑典型，受害面积 25.1%~50%；高感 1（HS1），植株病斑典型，受害面积 50.1%~75%；高感 2（HS2），植株叶片全部枯死。

2. 成株期鉴定

（1）鉴定圃场

①鉴定圃场选择

鉴定圃场选择肥力条件中等并且排灌方便的田块。

②育苗

参加鉴定的品种先进行常规浸种、催芽，然后按不同品种类型顺序排列并于不同时期播种于鉴定圃场内；播种两周后施用 1 次尿素，用量为 75 kg/hm²。

③移栽规格

30~35 天秧龄进行移栽，每品种移栽 2 行，每行 7 丛，每品种共 14 丛；株行距均为 20 cm；每 10 个品种间插抗、感品种各 1 份。

④保护行

在参加鉴定品种的周围要插种保护行，种植方法与参加鉴定品种相同；保护行采用感病品种。

⑤移栽至接种期间田间管理

从移栽到接种完成,田间灌溉水管理同生产田一致,对肥的要求为移栽后20天和接种前1周各施1次尿素,用量为75 kg/hm²。

⑥病圃施药

病圃内如果有害虫发生,要根据害虫发生种类和程度使用相应的杀虫剂;参加鉴定的水稻品种在全生育期内不要使用杀菌剂,特别是在接种前后一定不要施用。

(2)接种

①接种方法

选择在阴天或傍晚,将接种体注入苞叶内。

②接种时间

孕穗 – 半抽穗期。

③接种量

每穗注射1 mL 接种体。

④接种穗数

在每品种14丛苗中,接种穗数不少于50穗,对接种稻穗做好标记。

(3)调查时间

水稻生长进入黄熟初期,其中感病品种的发病程度达到S1以上方可认为试验有效。

(4)调查部位

穗颈。

(5)调查量

在14丛苗中,观测接种的稻穗穗颈发病情况。

(6)病情记载

以穗颈瘟发病百分率记载病情。

(7)分级标准

穗颈瘟调查分级标准:

高抗(HR),无病;抗病(R),发病率低于1.0%;中抗(MR),发病率1.0%~5.0%;中感(MS),发病率5.1%~25.0%;感病(S),发病率25.1%~50.0%;

高感(HS),发病率50.1% ~ 100.0% 。

八、水稻纹枯病

水稻纹枯病菌(*Rhizoctonia solani*)的收集方法:从田间打捞的漂浮浪渣中筛选水稻纹枯病菌核,然后用消毒液(漂白粉)处理,无菌水冲洗后接种到 PDA 平板培养基上, 培养 3 天(28 ℃恒温),待长出典型菌落后,采用真菌单孢分离的方法,多次转皿直到获得纯合的目标致病菌。

1. 鉴定方法

田间鉴定:在田间设置鉴定圃场进行水稻纹枯病鉴定。种植方法:参加鉴定的每个品种插植 1 行(10 穴),行距 26.4 cm,每隔 10 行种植 1 行紫秧品种。于 7 月上旬接种水稻纹枯病菌,接种试验重复 3 次,每重复 2 穴。发病调查在收获前完成。

2. 病原菌培养与接种

病原菌培养用稻秸培养基。制作方法:取长度约 15 cm 的新鲜稻秸,直接浸泡在含有 0.5% 蔗糖的水溶液中, 浸泡时间为 10 min,然后取出晾干,装入克氏瓶进行高压蒸汽灭菌 40 min,待其冷却后把已培养好的水稻纹枯病菌接种到稻秸培养基上,培养 15 天(25 ℃恒温),长好的病原菌用于田间接种。一般在 7 月 5 日(不同品种时间有差异)于水稻分蘖末期把带菌稻秸插入稻丛中,每穴 3 根,用尼龙绳将其与稻丛包扎为一体。接种后田间保持湿润状态,有利于病害发生。

3. 调查方法

水稻纹枯病主要根据稻株上病斑伸展的高度来划分级别,依此来评鉴品种抗感类型。分级标准如表 2 - 3 所示:

表 2 - 3 分级标准

发病级别	抗感类型	稻株上病斑的高度
0	免疫	全株无病斑
1	抗病(R)	稻株基部有零星病斑
1.5	中抗(MR)	病斑伸展至稻株倒 4 叶叶片
2	中抗(MR)	病斑伸展至稻株倒 3 叶叶鞘
2.5	中感(MS)	病斑伸展至稻株倒 3 叶叶片
3	中感(MS)	病斑伸展至稻株倒 2 叶叶鞘
3.5	感病(S)	病斑伸展至稻株倒 2 叶叶片
4	感病(S)	病斑伸展至稻株倒 1 叶叶鞘
4.5	感病(S)	病斑伸展至稻株倒 1 叶叶片
5	高感(HS)	病斑伸展至稻株顶部或全株枯死

九、小麦赤霉病

1. 病原菌培养和接种

用玉米粒做培养基,选择无病饱满的玉米粒,用蒸馏水冲洗干净后浸泡 24 h,然后高压蒸汽灭菌 60 min。将在 4 ℃冰箱内保存的病原菌菌株进行活化,在 PDA 培养基(马铃薯 200 g,葡萄糖 20 g,琼脂 20 g,水 1 000 mL)上培养,气生菌丝长出形成菌落后将其等比例接种于灭菌后的玉米粒培养基上,摇晃均匀,在 28 ℃恒温培养箱内培养 7 ~ 10 天,待菌丝长满玉米粒表面后,在 4 ℃条件下保存待接种用。小麦进入扬花期前 10 天左右,在田间开始接种带菌的玉米粒(均匀撒播),1 周后再接种 1 次,接种后垄沟及时灌溉,田间保持足够湿度,以利发病。

2. 病情分级标准和病害发生程度划分标准

(1)病穗率

病穗率为发病穗数占调查总穗数的百分率,用以表示发病的普遍程度。

（2）病情分级标准（严重度）

病情分级标准用目测法估计，共分 5 级。

0 级，无病；1 级，感病小穗占全部小穗的 1/4 以下；2 级，感病小穗占全部小穗的 1/4～1/2；3 级，感病小穗占全部小穗的 1/2～3/4；4 级，感病小穗占全部小穗的 3/4 以上。

（3）病情指数

病情指数＝（1 级病穗数×1＋2 级病穗数×2＋3 级病穗数×3＋4 级病穗数×4）÷（调查总穗数×4）

（4）病害发生程度划分标准（发病程度分级）

赤霉病发生程度分以下 5 级：

轻发生：病穗率＜10%。

中等偏轻：病穗率 10%～20%。

中等：病穗率 20%～30%。

中等偏重：病穗率 30%～40%。

大流行：病穗率＞40%。

第二节　主要病害抗病性鉴定技术规程

一、大豆灰斑病抗病性鉴定技术规程

1. 范围

本标准规定了大豆灰斑病抗病性鉴定技术方法和抗病性评价标准。
本标准适用于栽培大豆和野生大豆对灰斑病的室内和田间鉴定及评价。

2. 术语和定义

下列术语和定义适用于本标准。

（1）抗病性

植物所具有的能够减轻或克服病原物致病作用的可遗传的性状。

（2）抗病性鉴定

通过适宜技术方法和标准鉴别植物寄主对特定侵染性病害的抵抗水平。

（3）致病性

病原物侵染寄主植物引起发病的能力。

（4）人工接种

在适宜条件下,通过人工操作将接种体置于植物体适当部位并使之发病的过程。

（5）病情级别

人为定量植物个体或群体发病程度的数值化描述。

（6）抗病性评价

根据采用的技术标准判别被鉴定植物对特定病虫害反应程度和抵抗水平的描述。

（7）分离物

采用人工方法分离获得的病原物的纯培养物。

（8）培养基

可以使病原物生长的自然或人工配制的基质。

（9）接种体

用于接种以引起病害的病原物或其一部分。

（10）生理小种

病原物种内在形态上无差异,但在不同植物品种上具有显著的致病性差异的类群。

（11）鉴别寄主

用于鉴定和区分特定病原物生理小种、致病型或株系的一套带有不同抗病性基因的寄主品种或品系。

（12）大豆灰斑病

由大豆灰斑病病原菌引起的以叶和籽粒为主要发病部位,导致植株叶斑和籽粒斑驳的大豆病害。

3.病原物接种体制备

(1)病原物分离

用植物病理学常规组织分离法从新鲜发病植株叶片病健交界处组织或从发病病粒上分离病原物。分离物经形态学鉴定确认为大豆灰斑病菌后,建立单孢系,经致病性测定后,保存备用。

(2)病原物生理小种鉴定

对将用于抗病性鉴定接种的分离物,首先进行生理小种鉴定。生理小种鉴别寄主采用九农 1 号、双跃四号、合交 69 – 231、Ogden、合丰 22 号、钢 5151 六个大豆品种或品系。

(3)病原物接种体繁殖和保存

孢子液制备:参试病原菌菌株取单孢在马铃薯琼脂培养基上培养 10 天,然后在二级培养基(高粱粒培养基)上扩大繁殖,28 ℃恒温条件下培养 2 周,高粱粒培养基上长满菌丝后,用蒸馏水轻轻洗去表面菌丝,在干燥阴凉处晾干,常温保存备用。在接种前 3 天做好产孢诱发准备工作,用无菌水配制成孢子悬浮液,滤除杂质后加 3% 蔗糖,孢子悬浮液浓度为每毫升 1×10^5 个孢子。

4.室内抗病性鉴定

(1)鉴定温室设置

人工接种鉴定温室应具备自动调节温度和光照的条件,以保证良好的发病环境。

(2)接种保湿间的设置

接种保湿间应具备自动调节温度和保持饱和湿度的条件。

(3)鉴定对照品种

鉴定时设大豆品种合丰 25 号作为感病对照。

(4)鉴定材料育苗

每份材料分别取健康大豆种子 15 粒,播种在直径为 20 cm 的塑料花盆中,盆内基质为蛭石,放置于温室内,出苗前温室内温度控制在 26 ℃,出苗后温度控制在 23 ℃,10～14 天后每份材料留 10 株大小一致的健苗接种。设置 2 次重复。

（5）接种方法

每份参鉴大豆在第二片复叶展开二分之一时开始接种大豆灰斑病菌,每盆（10 株）接种孢子悬浮液 5 mL。每份试验材料 2 次重复接种完成后,在 25 ℃条件下进行保湿,一般保湿时间不少于 24 h,接种发病后进行 2 次调查,第一次发病调查在接种 10 天后,第二次发病调查在接种 14 天后。

5. 病情调查

（1）调查时间

接种后 7～10 天进行病情调查。

（2）调查方法

病斑型调查,以同一菌株接种同一品种经 2 次重复鉴定病斑表现一致时为准,按下列标准记载:

0 级,植株上无病斑;1 级,植株上呈小褐色斑,直径 1 mm 以下,无霉层,不产生孢子;2 级,植株上病斑直径 2 mm 以下,中央灰白色,边缘褐色,有霉层,可产生少量孢子;3 级,植株上有边缘褐色的中型斑,直径 2 mm 以上,中央有较大部分灰白色坏死,有霉层,产生多量孢子;4 级,植株上有灰绿色较不规则病斑,直径 3～6 mm,边缘不明显,有时病斑连片,叶片枯死较快,霉层较厚,产生多量孢子。

发病 0、1 级划分为抗病类型,记以 R;发病 2 级划分为中间类型,记以 M;发病 3、4 级划分为感病类型,记以 S。

6. 田间抗病性鉴定

（1）试验设计

鉴定材料随机或顺序排列,每份材料重复 3 次。在田间按品种编号顺序将参鉴材料进行种植。每份大豆品种种植 1 行,行长 2 m,株距 5 cm,人工双粒点播（间苗后留 1 株）。设置感病和抗病品种对照,一般每种植 10 行鉴定品种,要播种 1 行感病和抗病品种。

（2）接种方法

接种用新鲜孢子，要提前 3~4 天做好诱发准备，用无菌水配制孢子液，用 2~3 层纱布过滤后加 3% 蔗糖，以增加孢子液的黏稠度，孢子液浓度为每毫升 1×10^5 个孢子。选择雨后或傍晚在大豆生育期进入 R3~R4 阶段进行接种。共接种两次，每隔 10 天接一次。接种后沟灌充分的水，以利保湿。10 天后进行发病调查。分生理小种接种时，注意隔离，以防止生理小种间混杂。

7. 抗病性评价

（1）抗病性评价标准

按单株发病级数记载，计算病情指数。依据病情指数确定参鉴材料群体的抗病性类型（表 2-4）。

表 2-4　大豆灰斑病抗病性评价标准（田间）

分级	病情指数/%	抗病性评价
1	0~20	高抗（HR）
2	21~40	抗病（R）
3	41~60	中抗（MR）
4	61~80	感病（S）
5	81 以上	高感（HS）

（2）鉴定有效性判别

当感病对照病情指数大于 60%，该批次抗大豆灰斑病鉴定视为有效。

（3）重复鉴定

鉴定为中间类型的品种（品系）进行 2~3 次重复鉴定。

8. 鉴定结果记载表格

见表 2-5。

表2-5 鉴定结果记载表格示例

编号	品种名称	来源	接种株数	病情指数/%	抗病性评价
1	品种1	育成单位	15	20	HR
2	品种2	育成单位	15	40	R
3	品种3	育成单位	15	60	MR
4	品种4	育成单位	15	80	S
5	品种5	育成单位	15	80以上	HS

鉴定技术负责人(签字):

二、大豆疫霉病抗病性鉴定技术规程

1. 范围

本标准规定了大豆疫霉病抗病性鉴定技术方法和抗病性评价标准。

本标准适用于栽培大豆和野生大豆对疫霉病的室内苗期鉴定及评价。

2. 术语和定义

下列术语和定义适用于本标准。

(1)抗病性

植物所具有的能够减轻或克服病原物致病作用的可遗传的性状。

(2)抗病性鉴定

通过适宜技术方法和标准鉴别植物寄主对特定侵染性病害的抵抗水平。

(3)致病性

病原物侵染寄主植物引起发病的能力。

(4)人工接种

在适宜条件下,通过人工操作将接种体置于植物体适当部位并使之发病的过程。

(5)病情级别

人为定量植物个体或群体发病程度的数值化描述。

(6)抗病性评价

根据采用的技术标准判别被鉴定植物对特定病虫害反应程度和抵抗水平的描述。

(7)分离物

采用人工方法分离获得的病原物的纯培养物。

(8)培养基

可以使病原物生长的自然或人工配制的基质。

(9)接种体

用于接种以引起病害的病原物或其一部分。

(10) 生理小种

病原物种内在形态上无差异,但在不同植物品种上具有显著的致病性差异的类群。

(11)鉴别寄主

用于鉴定和区分特定病原物生理小种、致病型或株系的一套带有不同抗病性基因的寄主品种或品系。

(12)大豆疫霉病

由大豆疫霉病菌引起的以根和茎腐烂为主要症状,导致植株萎蔫和死亡的大豆病害。

3.病原物接种体制备

(1)病原物分离

用植物病理学常规组织分离法和选择性培养基从新鲜的具有典型大豆疫霉病症状的发病植株茎秆病健交界处组织分离病原物。分离物经形态学鉴定确认为大豆疫霉病菌后,建立单孢系,经致病性测定后,保存备用。

(2) 病原物生理小种鉴定

对将用于抗病性鉴定接种的分离物,首先进行生理小种鉴定。生理小种鉴别寄主采用含有不同抗大豆疫霉病单基因(Rps 基因)的大豆品种或品系。

（3）病原物接种体繁殖和保存

在 25 ℃、黑暗的条件下,将大豆疫霉病菌在含 1.5% 琼脂的稀释 V_8 汁或胡萝卜斜面培养基上培养 8 天,然后用 25 mL 注射器或组织匀浆机将培养物捣碎混匀成糊状用于接种。

将大豆疫霉病菌接种到 V_8 汁或胡萝卜斜面培养基上,在 25 ℃、黑暗的条件下培养 7 天后,放入 10 ℃ 低温保存箱内保存;或在斜面上加入无菌的矿物油(超过斜面顶部 1 cm)后在低温保存箱内和室温下保存。

4. 室内抗病性鉴定

（1）鉴定温室设置

人工接种鉴定温室应具备自动调节温度和光照的条件,以保证良好的发病环境。

（2）接种保湿间的设置

接种保湿间应具备自动调节温度和保持饱和湿度的条件。

（3）鉴定对照品种

鉴定时设大豆品种合丰 25 号或 Williams 作为感病对照。

（4）试验设计

鉴定材料随机或顺序排列,每份材料重复 3 次,每重复 10 株。

（5）鉴定材料育苗

每份材料分别取 12 ~ 15 粒种子,播种于以蛭石为基质的直径为 10 cm 的塑料花盆中,出苗前温室温度控制在 25 ~ 29 ℃,出苗后温度控制在 18 ~ 25 ℃,10 ~ 12 天后每份材料留 10 株大小一致的健苗接种。

（6）接种方法

将接种体装入带 7 或 9 号针头的 2 mL 或 5 mL 注射器,用针尖在大豆子叶下 1 cm 处向下划约 1 cm 长的伤口,然后将接种体注于伤口处。接种后将植株放入保湿间,在 23 ~ 25 ℃、相对湿度 95% ~ 100% 条件下保湿 48 h,然后转入温室培养。

5.病情调查

(1)调查时间

接种后 5~6 天进行病情调查。

(2)调查方法

调查每份材料的植株死亡数,计算植株死亡率。

植株死亡率按以下公式计算:

植株死亡率 =(死亡植株数÷接种植株总数)× 100%

6.抗病性评价

(1)抗病性评价标准

一个品种(品系)如果有 70% 或以上的植株死亡为感病(S),如有 70% 或以上的植株正常生长则为抗病(R),死亡植株在 31%~69% 的为中间类型(I)。

(2)鉴定有效性判别

当感病对照植株死亡率等于或大于 70%,该批次抗大豆疫霉病鉴定视为有效。

(3)重复鉴定

鉴定为中间类型的品种(品系)进行 2~3 次重复鉴定。

第三章

植物病害综合治理主要措施

"预防为主,综合防治"一直是我们国家的植物保护工作方针,随着农业科学技术的不断发展和进步,又提出了"绿色植保、公共植保、现代植保"的新植物保护工作理念。以建立病、虫、草等有害生物阻击带为基础,在防控技术上突出绿色植保;在产业结构调整的基础上,合理搞好作物布局,以培育种植高产、抗病优良品种为核心,提高有害生物综合防治水平。

作物病害的防治要综合考虑环境和生态等多种因素,合理采用一系列配套措施,最终达到防病治病目的,将经济损失降到最低。

第一节　植物检疫

植物检疫是植物保护工作的一个方面,又称为法规防治,是国家由专门机构通过制定法律法规对植物及其产品进行检验和处理,避免检疫性有害生物传入非疫区或由疫区传出的一种强制性措施。植物检疫的任务是尽可能不让检疫性有害生物通过人为途径传播和蔓延。植物检疫的基本特征是强制性和预防性。

一、植物检疫的任务和植物检疫对象

1. 植物检疫的任务

禁止危险性病、虫、草随植物和农副产品的调运传播。将局部地区已发生的危险性病虫草封锁在一定范围内,并采取紧急措施清除。一旦危险性病、虫、草传入新的区域,要及时采取有效措施彻底清除。

植物检疫包括对内植物检疫和对外植物检疫,对内植物检疫即国内检疫,对外植物检疫即国际检疫。

各级农林业行政主管部门都分别设置了植物检疫机构。国家农业农村部制定农业植物检疫名单,各省(市、自治区)相关部门制定本省范围的补充名单,同时上报国家农业农村部进行备案。各省(市、自治区)相关部门可以提出疫区、保护区的划定,由省(市、自治区)政府批准,同时报国家农业农村部备案。对调运的植物种子和繁殖材料以及已列入检疫名单的植物和植物产品,在运出发生疫情的县级行政区之前必须经过植物检疫部门检疫。此外还包括产地检疫,即对无植物检疫对象的种苗繁育基地实施产地检疫。

对外植物检疫简称外检,主要由设在对外港口、国际机场及国际交通要道的出入境检验检疫机构实施,具体由国家出入境检验检疫局负责。主要任务是防止本国未发生或只在局部发生的检疫性有害生物由人为途径传入或传出国境;禁止危险性的植物病原物、害虫、土壤及植物疫情流行国家和地区的有关植物和植物产品进境;对经检疫发现的含有检疫性有害生物的植物及植物产品做除害、退回或销毁处理,对处理后合格的准予进境;等等。

2. 植物检疫对象

首先,必须是会引起严重的经济损失,而防治又极为困难的危险性病、虫和杂草;第二,必须是主要靠人为传播的危险性病、虫及杂草;第三,在国内或某地区尚未发生或未广泛传播或分布不广的危险性病、虫及杂草。

我国 1992 年颁布的进境植物检疫性有害生物有 84 种,其中严格禁止进境的有 33 种,严格限制进境的有 51 种。此外,还有 368 种列为潜在危险性有害生物。其中与农作物有关的危险性病害有大豆疫病、玉米细菌性枯萎病、稻茎线虫病、烟草霜霉病等。

1995 年颁布的国内检疫性有害生物有 32 种,其中与农作物有关的危险性病害有棉花黄萎病、大豆疫病、小麦腥黑穗病、水稻细菌性条斑病、马铃薯癌肿病、玉米霜霉病、烟草环斑病毒病等。

二、植物检疫基本原则

植物检疫的基本原则是在检疫条例的范围内,通过禁止和限制措施,达到防止检疫性有害生物传入或传出,尤其是植物、植物产品或其他传播载体的传入或传出,最终达到保护农业生产和环境的目的。

三、植物检疫的主要措施

植物检疫的措施主要有禁止进境,限制进境,调运检疫,产地检疫,国外引种检疫,旅客携带物、邮寄和托运物检疫,紧急防治等几个方面。

植物检疫检验有很多的方法,对随种子、苗木及植物产品调运传播的病、虫、杂草等,在形态特征上症状表现明显的并容易识别的可用直接检验法;对农作物收获的种子或粮食中混入的病原菌的菌核、菌瘿,害虫的虫体、虫瘿及一些恶性杂草种子多采用过筛检验法;对于农作物的种子、苗木及植物产品,看不出明显病虫害症状的,多采用解剖检验法。此外,检验方法常用的还有检疫基地隔离试种检验、病原物分离培养检验、洗涤检验、噬菌体检验、血清学检验、生物化学反应检验、电子显微镜检验、DNA 探针检验等。

第二节　农业防治

农业防治又称农业控制、栽培控制或环境管理,是在综合分析寄主植物、病原物和环境因素三者相互关系的基础上,运用不同农业技术调控措施,一方面降低病原物数量、提高植物抗病性,另一方面调整和改善作物的生长环境,创造不利于病原物生长发育或传播的条件,以控制、避免或减轻病原物的危害。农业防治措施大都是农田管理的基本措施,可与常规栽培管理结合进行,不需要特殊设施。但是,农业防治措施往往有地域局限性,有时和其他防治措施配合使用会收到更好的效果。

一、使用无病害的繁殖材料

在作物生产过程中,要选择使用健康无病害的种子、秧苗、种薯等繁殖材料,降低和减少病原物初侵染接种体数量,从源头上控制病害的发生和传播。种子生产基地要建立在无病或轻病地区,同时,各级种子繁育田也要严格要求生产无病害的种子、秧苗、种薯以及其他繁殖材料。种子生产过程中采取严格的病害防控和检疫检验措施,可以有效地防止有害生物传播和降低病原物数量。如热力治疗和茎尖培养已用于生产无病毒种薯和果树无病毒苗木。马铃薯茎尖生长点部位几乎不带有病毒,可在无菌操作台内于解剖镜下进行茎尖剥离,然后在培养基上进行组织培养,得到无病毒试管苗,通过病毒检测后,进行扦插扩繁,收获马铃薯的无病毒原原种,进一步扩繁得到原种并用于大田马铃薯生产。

作物播种前进行选种也是较好的防病措施,可用机械筛选、风选或用盐水漂选、泥水漂选等方法去除种子间混杂的植物病残体、病秕粒、菌瘿、菌核、线虫虫瘿和虫卵等。还可以进行种子处理,除去种子表面和内部的病原菌,如选用杀菌剂处理或温汤浸种等。

二、加强栽培管理

1. 建立合理的种植制度

合理的种植制度具有更好的防病效果,通过调节农田生态环境,提高土壤肥力和物理性状,创造有利于作物生长发育的环境以及有益微生物繁殖的条件,同时又能降低病原物存活数量,中断病害循环过程。

我国地域辽阔,各地自然条件和作物种类不同,种植形式和耕作方式也非常复杂,诸如轮作、间作、套种、土地休闲和少耕免耕等具体措施对病害的影响也不一致。各地必须根据当地具体条件,兼顾丰产和防病的需要,建立合理的种植制度。

轮作是一种古老的病害防治措施。合理的轮作制度可使病原物因缺乏寄主而迅速死亡,对于防治土壤传播的病害是一项很好的措施,同时也会降低在土壤中越冬的病原物数量。如对于小麦根腐病和小麦全蚀病、棉花枯萎病和黄萎病、马铃薯环腐病等,寄主作物与非寄主作物轮作可使病原菌在一定时间内死亡,大大减少病原菌数量。不同病害要求的轮作方式及轮作年限不一样。如防治瓜类镰刀菌枯萎病和炭疽病,用葫芦科以外的作物轮作 3 年能收到较好的防效;防治小麦全蚀病,用非寄主作物轮作 2 ~ 3 年也能收到较好的效果;防治茄子黄萎病和十字花科蔬菜菌核病需实行 5 ~ 6 年轮作,但水旱轮作只需 1 年。

2. 中耕和深耕

中耕和深耕是农业生产中不可缺少的基本栽培措施。作物生育期间适时中耕和作物收获后及时深耕,能起到很好的蓄水保墒作用,同时还可以改变土壤的理化性状,有利于作物的生长发育,并可提高作物的抗病性。此外,还可以把在土壤中越冬的病原菌以及暴露于土表的病残体埋在土壤深层,恶化其生存条件并使其分解腐烂,达到减少初侵染菌源的目的,收到防治病害的效果。

3. 保持田园卫生

保持田园卫生的措施包括清除收获后遗留田间的病残体,生长期拔除病株与铲除发病中心,施用净肥以及清洗消毒农机具、农膜、仓库等。这些措施都可以显著减少病原物接种体数量。

作物收获后彻底清除田间病残体,集中深埋或烧毁,能有效地减少越冬或越夏菌源数量。这一措施对于多年生作物尤为重要。

4. 合理密植

合理密植有利于作物生长发育,作物种植密度过大,一方面造成田间植株叶片间互相遮挡,通风差,透光不良,作物发生徒长,抗病性降低;另一方面会提高田间湿度,有利于病害发生。

5. 加强田间管理

改进栽培技术、合理调节环境因素、改善栽培条件、调整播期、优化水肥管理等都是重要的农业防治措施。

合理调节温度、湿度、光照和气体组成等要素,创造不适于病原物侵染和发病的生态条件,对于温室、塑料棚、苗床等保护地病害防治和贮藏期病害防治有重要意义。

水肥管理与病害消长关系密切,必须提倡合理施肥和灌水。合理施肥和追肥有利于作物生长,提高作物抗病能力。如果氮肥施用过多,作物徒长,有利于病害发生。灌水不当,田间湿度过高,往往是多种病害发生的重要诱因。

第三节　抗病品种的利用

在植物病害的综合防治中,推广和应用抗病品种是最经济、最有效的途径。多年来在农业生产中利用抗病品种控制了大范围流行的毁灭性病害。如马铃薯晚疫病、小麦锈病、水稻稻瘟病、烟草黑胫病、棉花枯萎病和黄萎病等都是依靠大面积种植抗病品种辅以其他防治措施而得到全面控制的。对于土壤性病害、病毒性病害以及林木病害等用化学和农业措施防治比较困难,而应用抗病品种防治是十分可行的措施。培育和应用抗病品种防治植物病害,不仅有较高的经济效益,而且可以避免或减轻使用农药造成的残毒和环境污染问题。

用抗病品种防治植物病害也要做到抗病基因的合理布局,以充分发挥其抗病性的遗传潜能,防止品种退化,延长抗病品种的使用年限。目前生产上种植的多为垂直抗病品种,其抗病性容易丧失,为了克服或延缓品种抗病性的丧失现象,育种亲本选择时应尽量用多种类型的抗病性和使用抗病基因不同的优良抗病资源,改变抗病性遗传背景狭窄而单一的局面。在病害的不同发生和流行区内种植具有不同抗病基因的品种,在同一个发生和流行区内也要合理使用多个抗病品种;在新品种更替老品种过程中也要有计划地轮换使用具有不同抗病基因的抗病品种,选育和应用具有多个不同主效基因的聚合品种或多系品种;进一步挖掘抗病性较好的地方品种和农家品种。

一、育种目标

制定育种目标是育种工作的第一步,育种目标包括多方面的内容。在客观上要考虑适应一定的自然、栽培和经济条件,在主观上要考虑对计划选育某种作物的新品种提出应具备的优良特征特性。

二、抗病资源的收集

抗病资源即对某一病害表现抵抗力的一切植物材料。抗病资源收集可以从本地区、本国开始,也可以到国外去收集。收集国内抗病资源要以当地古老的地方品种、农家品种和正在推广的育成品种以及适应性强的高世代稳定材料为主,这样培育出的品种在推广时才会有较强的适应性。

收集国外的品种资源时也要有针对性,最好能弥补当地品种所欠缺的性状。

三、抗病品种的筛选、鉴定

可分为田间鉴定和室内鉴定。田间鉴定在病害经常发生和病害发生比较重的地区进行,将被鉴定的试验材料按顺序播种于田间,通过田间自然发病的病原菌侵染,从而对大量材料进行抗病性筛选。

室内鉴定在人工接种病原菌的条件下进行。要做好病原菌的分离、纯化及培养工作;掌握接种时期和接种方法;根据病害种类,注意接种前后的温、湿度,特别是湿度,要达到充分发病的程度。

四、抗病性机理鉴定

植物的抗病性有形态结构抗病性,这种抗病性主要是指以其机械坚韧性和对病原物酶作用的稳定性抵抗病原物的侵入和扩展;还有生理生化抗病性,这种抗病性是指抗病植物可能含有天然抗菌物质或抑制病原菌某些酶的物质;此外,还有耐害性等。

五、抗病性遗传鉴定

通过鉴定抗病品种的后代遗传性状,确定其是主效基因控制作用还是微效基因控制作用,是生理小种专化抗病性还是生理小种非专化抗病性,是显性遗传还是隐性遗传。

六、抗病育种方法

作物抗病品种的育种工作与高产、优质品种的选育工作是分不开的。在全部的育种过程中,要注重育种原始材料和亲本材料抗病性的鉴定工作,以保证育成的品种具有抗病性,同时还具备高产、优质、广适性等优良的农艺性状。使抗病育种工作更有成效,抗病资源的收集和创新以及种质资源的抗病性鉴定工作是前提。

抗病育种方法：常规育种方法都可以用于抗病品种选育工作。但是在具体实施时，要把品种的抗病性作为重要的育种目标贯穿于整个育种工作中。

1. 引种

在国内其他地区或从国外引进具有抗病性的品种，通过引种试验程序，评价其产量、品质、性状等主要特性是否与当前推广品种相当，如果抗病性等明显优于当前推荐品种，则可直接用于生产，这是一种简易有效的方法。

2. 选择育种方法

在对引进的品种材料进行试验种植和抗病性鉴定过程中，或生产上推广的品种种植在病害常发生的重病田块中，变异因素可引起自然突变、生态型变异以及育成材料的剩余变异等，表现抗病的优良变异株经过选择育种程序育成抗病品种，审定之后可在生产上推广应用。

3. 杂交育种

此育种方法在常规育种和抗病育种中都是最常用的方法。首先要对原始材料圃的种质资源进行抗病性鉴定，表现抗病以上的材料可作为杂交育种的亲本材料，与生产上种植的产量较高而抗病性较差的品种杂交，通过后代基因重组，选出抗病类型材料。有条件时最好在人工接种的条件下连续选择抗病材料，在稳定世代后进入区域试验和生产试验，将抗病性好、综合农艺性状优良的新品种在生产上推广。

4. 回交育种

如果生产上推广种植的品种农艺性状优良，但不抗病，而另一抗病品种的抗病性是由少数主效基因控制的，则可应用回交育种法将抗病基因转入推广品种中。这一育种方法主要是解决杂交导入抗病基因而使得原来的农艺性状变劣的问题。

5. 诱变育种

这也是进行抗病育种的有效途径。一些感病的品种经过物理化学因素处理后,产生基因突变,获得抗病的突变体,进而可育成抗病的新品种。

6. 应用生物技术

当前在抗病性育种工作中广泛利用染色体工程、细胞和组织培养、体细胞杂交、突变细胞的化学筛选技术、基因工程、外源 DNA 导入等生物技术,并已取得了显著的成就。

第四节　生物防治

生物防治是指利用有益生物防治植物病害的各种措施。目前在防治植物病害上所利用的主要是有益微生物,有益微生物亦称拮抗微生物或生防菌。

生物防治措施可以降低病原菌的致病性和减少病原菌的数量,并能调节植物的微生物环境,达到抑制病害发生的目的。

生物防治主要用于防治通过土壤传播的病害,也可用于防治叶部病害和作物产后病害。生物防治有很多优点,如对人、畜、植物安全,不伤害天敌,不污染环境,不会引起害虫的再猖獗和产生抗病性。

微生物农药的生产和使用都很方便,并能与化学农药混合使用。有益微生物对病原物的不利作用主要有抗菌作用、溶菌作用、竞争作用、重寄生作用、捕食作用和交互保护作用等。通过微生物的作用减少病原物的数量,促进作物生长发育,减轻病害发生,从而提高作物产量和质量。

生物防治也存在着一些局限性,如生物防治适用范围较狭窄,有益微生物地理适应性较低,对一些病害虽然有长期控制作用,但见效比较慢,防治效果不够稳定和相对较低,因此不能完全代替其他防治方法,必须与其他防治方法有机地结合在一起。

一、抗菌作用

有益微生物产生抗菌物质,可抑制或杀死病原菌,这称为抗菌作用。这类有益微生物主要来源于真菌和细菌。

二、交互保护作用

主要用于植物病毒病的防治,当植物病毒的两个有亲缘关系的株系感染植物时,植物在感染一个株系后就不再感染另一个株系。可用在同种真菌或细菌的不同菌株之间、同种病毒的不同株系(弱毒与强毒)之间、不同种甚至不同类的病毒之间。

三、以菌治菌

利用有益真菌防治植物病原真菌,目前应用比较广泛的是木霉。木霉分布广、资源丰富,比较容易获得拮抗菌株,因此,木霉在植物病害生物防治中发挥着很重要的作用。如木霉的一些种可以寄生在立枯丝核菌、小菌核菌、腐霉菌及核盘菌等多种引起植物病害的病原真菌上。棉花种子用木霉处理后,可有效减轻棉花黄萎病的发生。

第五节　物理防治

物理防治主要是利用热力、冷冻、干燥、电磁波、超声波、激光等手段抑制、钝化或杀死病原物,达到防治病害的目的。此类防治方法见效快,防治效果好,可作为植物病害预防和防治的辅助措施,也可作为植物病害发生时或其他方法难以解决时的一种应急措施。

各种物理防治方法多用于处理种子、苗木和其他植物繁殖材料和土壤。

一、干热处理

干热处理在蔬菜种子上用得比较多,对多数植物病原物都有一定的防治效果,如病原真菌、细菌和多种种传病毒。黄瓜种子经 70 ℃ 干热处理 2～3 天,可使病原菌失活。番茄种子经 75 ℃ 处理 6 天或 80 ℃ 处理 5 天可杀死种传黄萎病菌。每种植物种子的耐热程度都不一样,要严格把握处理温度和处理时间,否则会影响种子的萌发率。对于豆科作物种子和含水量高的种子,处理时要慎重,因为豆科种子耐热性弱,不宜干热处理;含水量高的种子应先行预热干燥,然后再处理。干热处理还用以处理原粮、面粉和土壤等。

二、温汤浸种

种子和无性繁殖材料表面和内部潜伏的病原物用热水处理后,能够被杀死。热水处理的原理是植物种子和无性繁殖材料与病原物耐热性不同,水的温度和处理时间根据作物种类和品种而不同,杀死病原物是目的,但不能影响植物发芽能力。如针对棉花枯萎病菌和苗期病害的主要病原菌温汤浸种时,先把棉种用硫酸脱绒,然后用55~60 ℃的热水浸种30 min,可杀死病原菌。有些作物的种子不适于直接温汤浸种,如大豆和其他大粒豆类种子水浸后能迅速吸水膨胀脱皮,可先用导热介质代替水处理豆类种子,常用的导热介质有植物油、矿物油或四氯化碳等。

三、热蒸汽

热蒸汽也可以处理种子和苗木表面及内部的病原物,此种方法较干热处理和温汤浸种对种子发芽的不良影响小。其主要原因是杀菌有效温度与种子受害温度的差距大。

热蒸汽还可用于设施农业的大棚和温室的苗床土壤处理。处理土壤时常用80~95 ℃蒸汽处理30~60 min,通常可杀死大多数病原菌,但细菌的芽孢和少数耐高温的病原菌还可以继续存活。

四、使用颜色和物理性质特殊的薄膜

在设施农业上常用银灰色和白色膜驱避蚜虫。如用银灰反光膜或白色尼龙纱覆盖苗床,可有效减少传毒介体蚜虫数量,同时也减轻了病毒性病害的发生。

提高地温也能杀死土壤中多种病原菌,如在夏季高温期于田间铺设黑色地膜,吸收日光能,土壤温度能得到明显提升,从而杀死土壤中的病原菌。

第六节　化学防治

化学防治是有害生物综合治理的关键措施。用化学农药防治植物病害是最常见也是最常用的防治方法。此方法的优点是防治效果高、见效快、使用简便、投入成本少、获得的经济效益高，但如果使用不当会带来一系列问题，如环境污染、植物药害、人畜中毒、杀伤非致病微生物、破坏生态系统平衡等，长期使用同一种农药则病原物容易产生耐药性。当病害大发生或大流行时，化学防治是最有效的方法。

一、农药的类别

在植物病害防治中使用的各类药物统称为农药。农药的种类繁多，根据作用不同，农药分别称为保护剂、治疗剂和免疫剂。为了使用方便，常按农药的来源、用途等分类。

1. 按农药的来源及化学性质分类

(1) 无机农药

无机化合物是农药中的有效成分，这些无机化合物大多数由矿物原料加工而成。这类农药对植物不安全，种类少，药效低。现代使用的无机农药主要有铜制剂和硫制剂，如硫酸铜、硫黄等。

(2) 有机农药

有机化合物是农药中的有效成分。此类农药主要由碳氢元素构成，大多数可用有机合成方法制得，占农药品种的绝大部分。这一类农药品种多、药效高、用途广、易分解，在人畜体内一般不积累，在农药中是极为重要的一类。但使用不当会污染环境和植物产品，还有不少品种对人畜急性毒性很强，对天敌和有益生物没有选择性，在使用时要注意安全，如有机磷、氨基甲酸酯类和拟除虫菊酯类等。

(3) 生物源农药

包括两大类，即植物源农药和微生物源农药。

植物源农药包括从植物中提取的活性成分、植物本身和按活性结构合成的化合物及衍生物。植物源农药历史长、用量大的主要有天然除虫菊酯和烟碱。

微生物源农药是以细菌、真菌、病毒等微生物为原料制成的一类农药。微生物源农药包括农用抗生素和活体微生物农药。与有机农药相比，其安全可靠，不污染环境，对人畜不产生公害，而且原料易获得，生产成本低。如 Bt 乳剂、苏云金杆菌制剂、白僵菌制剂、井冈霉素、阿维菌素等。

2. 按农药的用途分类

(1) 杀虫剂

用于防治为害农业、林业的害虫，还包括城市卫生害虫及仓储等害虫或有害节肢动物。

(2) 杀菌剂

是防治各类病原微生物的药剂的总称，如防治植物病原真菌、病原细菌的药剂。作用原理是能够直接杀死植物病原菌，或抑制植物病原菌营养生长和后代繁殖，或能诱导植物产生抗病性能，抑制病害扩展，减少损失。

(3) 杀螨剂

用于防治植食性害螨的药剂称为杀螨剂。螨不是昆虫。

(4) 杀鼠剂

用于控制鼠害的一类农药。按杀鼠作用的速度可分为速效性和缓效性两大类。杀鼠剂大部分是胃毒剂，用以配制毒饵诱杀。

(5) 杀线虫剂

防治植物寄生性线虫的农药。

(6) 除草剂

除草剂又称除莠剂，是用以消灭或抑制植物生长的一类物质。根据对植物作用的性质，分为灭生性除草剂和选择性除草剂；根据除草剂的作用方式，可分为触杀性除草剂、内吸传导性除草剂、激素性除草剂。除草剂发展趋势为高效、低毒、广谱、低用量、对环境污染小的一次性处理剂。

(7) 植物生长调节剂

可以抑制或刺激植物生长，可分为生长素、赤霉素和细胞分裂素等。

二、农药的剂型

在工厂合成或提炼后未经过加工处理的农药叫原药,用于生产的农药要经过加工处理。

原药中的有效成分是指含有杀菌、杀虫等作用的活性成分。为了使原药能充分发挥药效,将其很好地附着在有害生物和植物体上,可在原药中加入一些助剂,加工制成药剂。农药常用的剂型有以下几种。

1. 粉剂

粉剂就是粉状制剂,是将原药和填充料按比例要求进行混合,经机械粉碎后混合均匀制成的。粉剂的特点是不易被水湿润,也不能分散和悬浮于水中,所以使用时不能用喷雾的方法,只能直接喷撒、拌毒土或拌种。粉剂是农药发展中使用最早的加工剂型。

2. 可湿性粉剂

是目前我国应用的第二大类剂型。这种剂型是以粉剂为基础发展起来的,但它的性能超过粉剂。可湿性粉剂是由原粉、填充料和湿润剂在常温下经机械粉碎后混合均匀制成的,要求有一定细度并易被水湿润。可湿性粉剂具有分散、悬浮和稳定的特点,配成悬浮液使用喷雾器进行喷雾。喷在植物上有良好的湿润展布性能,药效也比同种原药的粉剂好。但可湿性粉剂浓度高,分散性差,所以不能用作喷粉,否则易产生药害。

3. 乳油(乳剂)

在我国是用量较大的一个剂型。乳油是由原药加乳化剂等助剂在有机溶剂中生成的透明油状制剂,加入水中能形成乳浊液。高质量的乳油加入水中能形成均匀的乳浊液。乳油的稳定性比较好,施药及沉积效果也比较好,药效期较长,药效好。

4. 颗粒剂

由原药、载体等助剂加工成的颗粒状制剂。颗粒的直径大小根据不同需要而定。颗粒剂常用的载体有炉渣、细砂、黏土和锯末等。颗粒剂使用方便,药效期较长,可以撒于植物心叶内或播种沟内。

5. 水剂

将水溶性原药直接溶于水中而制成的制剂,加工方便,成本低,但不易在植物体表面展布。使用时加水稀释到需要的浓度进行喷雾即可。

此外,常用的还有种衣剂、拌种剂、浸种剂、熏蒸剂、烟剂和气雾剂等。

三、农药的使用方法

利用化学农药防治植物病害,不仅要考虑不同病害种类的发生规律,还要考虑对有益生物和环境方面的影响,在正确诊断植物病害的基础上选择适当的药剂,用药量计算要求科学、准确,用药的浓度比例要严格,药械要有所选择,要采用正确的施药方法,要与其他防治方法配合使用,才能取得良好的防治效果,从经济、安全、有效的角度把防治指标落实到位。

1. 喷粉

喷粉是施用药剂最简单的方法。利用喷粉机具在田间喷施粉剂农药,特别适于水源缺少的干旱地区。在傍晚或清晨无风条件下进行,工作效率高,适用于大面积的病害防治。缺点是需药量大,散布不均匀,在植物体上黏附性差,极易被雨水冲刷掉,对环境污染大。

2. 喷雾

生产上应用最广的农药使用方法就是喷雾。先将药液按一定的浓度配制好,用药械将药液雾化后进行喷雾,药械包括手动、机动和电动的喷雾器,要求将药液均匀地喷在植物或病原物的表面。根据用液量多少和防治对象不同又分为常量喷雾、低容量喷雾和超低容量喷雾。农田中应用最多的是常量和低容量喷雾,大多数农药剂型都适合这两种喷雾形式,如农药剂型中的可湿性粉剂、水剂、乳油、胶悬剂等。此外,有很多因素会影响防治效果,如风、温度、浓度、农药的湿润展布性能、喷雾技术水平、植物和病原物的特征等。

目前提倡超低容量喷雾的方法,即用高效喷雾机械喷药,极少量的药液被雾化成为很细小的雾滴,能很好地覆盖在带病原菌的植物体上,用药量少,加水量比常规喷雾少,配成的药液浓度高,防效和作业效率均高。

3. 拌种

拌种在播种前进行,将药粉或药液与种子均匀混合即可。拌种主要用于防治通过种子或土壤传播的病害以及地下害虫。拌种时必须将药与种子混合均匀,以免影响种子发芽。拌种用的农药量,一般为种子质量的 0.2% ~ 0.5% 。

还可以用浸种或浸苗的方法来处理种子、种薯、种苗等,先配制一定浓度的药剂,然后将要处理的材料浸泡一定时间,材料吸收一定量的有效药剂后可消灭其中的病原物。拌种药效持续的时间比较短,只能在出苗前后达到防治病害的目的。

目前生产上应用最多的是种子包衣剂,药效期长,药剂可缓慢释放,防治病害的有效期较长。

4. 土壤处理

土壤处理,是将药粉与细土、细砂和炉灰等混合均匀,在播种前将药剂施于土壤中,主要防治植物的根部病害。防治土壤表面的病原物时也可以进行土表处理,将药剂全面施于土壤表面,具体的施药方法有喷雾、喷粉、撒毒土等,然后再将药剂翻耙到土壤中。

5. 熏蒸

熏蒸的方法主要是用熏蒸剂释放有毒气体,此种方法主要用在密闭或半密闭设施农业上,是一种很好的杀灭病原物方法。土壤熏蒸后为了避免产生药害,根据种植的作物不同要按规定等待一段时间,待药剂充分散发才能播种。此种方法也可以用于防治仓库及育苗温室的病原物等。

四、农药的合理安全使用

1. 合理安全用药,提高药效

在用化学农药防治植物病害时,合理选择和使用农药就是要坚持广谱、高效、经济、安全的原则,任何一种农药在使用时都要求有一定的范围,要做到因地因作物用药,同时还要做到对"症"下药。合理使用农药要从综合治理的角度出发,考虑下面几个问题。

(1)根据作物和病害发生特点选择药剂和剂型。每种农药根据其性能都有指定的防治对象,在用药前应根据作物种类和要防治的病害种类、田间病害发生程度和病害发生发展规律以及作物的生育阶段等选择合适的药剂和剂型,用药要有针对性。还要明确并执行"禁止和限制使用高毒和高残留农药"的规定,做到选用安全、可靠、高效、广谱和低毒的农药。

(2)因地制宜适时用药,既可节约资源,又不容易发生药害,同时还能够提高防治效果。一般情况下要在作物病害发生前或发病始期用药,根据杀菌剂的不同类型把握使用时期,如保护性杀菌剂必须在病原物接触、侵入作物前使用。此外,其他因素也影响农药使用时期的选择,如气候条件和物候期等。

(3)要科学地确定用药量、施药时期、施药次数和间隔天数。充分发挥农药的防治效果和很多因素有关,最主要的是采用正确的使用农药的方法,如果方法不适当,不仅防治效果不理想,而且易产生对有益生物的杀伤、对作物的药害和农药的残留等。此外,不同的农药剂型,使用方法是不一样的,如可湿性粉剂不适合用于喷粉、粉剂不适合用于喷雾、烟剂要在密闭条件下使用。要根据病害发生情况,按农药规定的单位面积用药量、浓度等使用农药。不能有农药用得越多防效越好的想法,不能随意增加农药的用药量、用药浓度、使用次数等,否则,既浪费了农药,又增加了成本,同时还会使作物产生药害,甚至引起不良的后果,如人畜中毒等。农药在使用前,必须认真阅读使用说明书,特别是注意农药的有效成分含量,然后再确定用药量。如杀菌剂福星乳油的有效成分含量有10%与40%的,其中10%乳油稀释2 000～2 500倍使用,40%乳油要稀释8 000～10 000倍使用。

(4)农药要合理轮换使用。防治病害时,长期连续使用单一杀菌剂处理同一种病原物引起的病害,常会使病原物产生抗药性,使防治效果降低,防治难度增大。病害的防治实践已证明,内吸性杀菌剂的部分品种容易引起一些病原菌产生抗药性。如果用药量、浓度和次数等进一步增加,病原菌的抗药性将进一步增加。因此,不同作用机制的农药品种要合理轮换使用。

(5)在生产实践中提倡合理混用农药,要掌握可混用农药间的注意事项,达到一次用药能够兼防多种病害的效果。科学合理地混合用药可以提高防治效果,甚至可以达到兼治不同生育期的病虫害的目的,还能扩大农药的防治范围,降低防治费用,推迟病原物产生抗药性的时间,增加经济效益,延长农药品种使用年限。农药品种之间能否混用,首先取决于农药本身的化学性质,要求混用后不能产生化学和物理变化。此外,还必须注意混用后对人畜和其他有益生物的毒性和危害不能增加;混用后不能提高农药的残留量;混用后混用前比较,不能产生药害,应增加不同的防治作用和防治对象。

2. 安全用药,防止药害和毒害

(1)农药使用不当,经常会对植物产生药害,影响植物健康生长。药害分急性药害和慢性药害。在施药后几小时至几天内出现的药害为急性药害,在较长时间后出现的药害为慢性药害。

慢性药害现象出现后,作物生长发育受到抑制,表现为植株前期生长发育缓慢,植株矮小,开花结果的时间延迟,落花落果数量增加,作物的产量低、品质变差,等等。急性药害现象出现后,表现的症状为在叶、茎、果上产生药害的斑点(块),植株叶片变色、焦枯、畸形,植株的地下部根系发育不良,有时会形成"黑根""鸡爪根",成熟的种子不能发芽,幼苗细弱甚至畸形,常出现落叶、落花、落果等,严重时全株枯死。为了避免产生药害,必须考虑作物特点和防治对象,合理选用农药,按要求的用量、规定的浓度和时间使用。

(2)农药对有益生物的毒害。农药的种类、使用的数量及浓度的大小,必须进行适合的选用,不仅考虑杀死病原菌或害虫,还要考虑不会杀死有益生物和害虫的天敌等。要做到对环境友好,对有益生物安全,所以必须做到把握好药剂和剂型、用药量和浓度、使用方法和用药时间。

(3)农药对人畜的毒性。在防治作物病虫害过程中一定做到农药对人畜安全。农药的毒性常用致死中量来表示。致死中量是衡量农药的毒性指标,是指使试验动物死亡半数所需的剂量,一般用 mg/kg 为计算单位,这个数值和毒性为负相关,即数值越大,农药的毒性则越小。农药的毒性分为 5 个等级,即特剧毒(< 1 mg/kg)、剧毒(1 ~ 50 mg/kg)、毒(50 ~ 500 mg/kg)、微毒(500 ~ 5 000 mg/kg)和基本无毒(>5 000 mg/kg)。

农药对高等动物的毒性也分为两类,即急性毒性和慢性毒性。一次服用或吸入药剂后,中毒症状出现很快的为急性毒性。如服用或吸入剧毒有机磷农药时,表现的急性中毒症状最初是恶心、头疼,而后是出汗、呕吐、腹泻、呼吸困难等,最后是昏迷甚至死亡。长期接触或长期摄入小剂量的某些农药后会出现慢性毒性,经过一段时间逐渐表现出中毒症状。

第四章

植物主要病害防治技术

第一节 小麦主要病害防治技术

一、小麦赤霉病防治技术

采用以抗病品种为基础、药剂防治为重点,结合农业防治的综合防治措施。选育和利用抗病品种是防治小麦赤霉病的有效措施,比较抗病的品种有南农 9918、苏麦 3 号、扬麦 18 号、鲁麦 14 号、矮抗 958 和轮选 22。

1.药剂防治

生产上缺乏抗病品种,在病害流行年份药剂防治仍是重要的防病手段。常用的药剂有 50% 多菌灵可湿性粉剂和 70% 甲基硫菌灵可湿性粉剂。

2.生物防治

枯草芽孢杆菌小面积试验发现其有一定的防病效果,尚需深入研究。

3.农业防治

加强麦田管理,适时早播,使花期提前,避开发病时期。合理灌溉,合理施肥。及时清理田间病残体。做好病害预测,及时喷药保护。

二、小麦颖枯病防治技术

1.选用无病种子

发生小麦颖枯病的小麦田不可留种。

2.农业防治

清除病残体,麦收后深耕灭茬。消灭自生麦苗,压低越夏、越冬菌源数量。实行 2 年以上轮作。春麦适时早播,施用充分腐熟有机肥,增施磷、钾肥,采用配方施肥技术,增强植株抗病力。

3. 药剂防治

种子处理用多菌灵：福美双为 1∶1 500 倍液浸种 48 h，或 50% 多菌灵可湿性粉剂、70% 甲基硫菌灵可湿性粉剂、40% 拌种双可湿性粉剂按种子质量 0.2% 拌种。也可用 25% 三唑酮可湿性粉剂拌闷种，0.03% 三唑醇可湿性粉剂拌种，0.15% 噻菌灵（涕必灵）拌种。重病区，在小麦抽穗期喷洒 70% 代森锰锌可湿性粉剂 600 倍液或 75% 百菌清可湿性粉剂 800～1 000 倍液、1∶1∶140 倍式波尔多液、25% 苯菌灵乳油 800～1 000 倍液、25% 丙环唑（敌力脱）乳油 2 000 倍液，隔 15～20 天一次，喷 1～3 次。

三、小麦锈病防治技术

采用以种植抗病品种为主、药剂防治及栽培管理为辅的综合防治措施。

1. 抗病品种

如郑麦 9203，其特点是高产、抗病、矮秆、抗倒、优质。

2. 药剂防治

在感病品种连片大面积种植区或病害流行年份，化学防治是减轻病害危害的重要措施，主要监控秋苗病情和春季病害流行。常用如 25% 三唑酮可湿性粉剂拌种或叶面喷施。大田防治：发现发病中心，及时进行局部喷药控制。

3. 栽培管理

适期播种，消除越夏区的自生麦苗，小麦收获后及时翻耕灭茬。合理灌溉和合理施肥。

四、小麦全蚀病防治技术

1. 植物检疫

禁止从病区引种，防止病害蔓延。

2. 农业防治

轮茬倒作,小麦全蚀病菌在土壤中存活时间较长,提倡水旱轮作。增施腐熟有机肥,提倡施用酵素菌沤制的堆肥,采用配方施肥技术。

3. 种子处理

因该病原菌也通过种子传播,所以拌种对消灭种子表面病原菌以及种子播下后杀灭周围土壤中的病原菌效果较好。试验表明硅噻菌酮对小麦全蚀病菌的杀灭性较好,麦农应首选以硅噻菌酮为原料的小麦全蚀净拌种的措施。每100 g 小麦全蚀净拌种 15～20 kg,晾干即可播种。

4. 叶面喷施

除拌种处理外,对发病较重地块,在小麦返青 – 灌浆期喷施小麦全蚀净(叶喷型)2～3 次,防治效果能达到 85%～90%。每 20～25 g 小麦全蚀净(叶喷型)加水 15 kg,均匀喷雾。喷施具体时间:小麦返青期,小麦拔节期,小麦灌浆期。

五、小麦粒线虫病防治技术

1. 加强检验

防止虫瘿随种子调运远距离传播。

2. 选用无病种子

建立无病种子田,种植无病、可靠的种子。

3. 清除麦种中虫瘿

清水选种:麦种倒入清水中迅速搅动,虫瘿上浮后捞出,可汰除 95% 虫瘿。整个操作争取在 10 min 内完成,防止虫瘿吸水下沉。盐水选种:用 20% 盐水汰除虫瘿较清水彻底,但事后要用清水洗种子。

4. 轮作

实行 3 年以上轮作,防止虫瘿混入粪肥,施用充分腐熟有机肥。

5. 种子处理

用 50% 甲基对硫磷或甲基异柳磷,按种子质量 0.2% 拌闷种。每 100 kg 种子用药 200 g 兑水 20 kg,混匀后,堆 50 cm 厚,闷种 4 h,即可播种。

6. 药剂防治

药剂种类有 15% 涕灭威颗粒剂、10% 克线磷或 3% 万强颗粒剂。

六、小麦散黑穗病防治技术

1. 农业措施

选用抗病品种是关键,建立无病留种田是基础。抽穗前注意检查并及时拔除病株进行销毁,要求种子田远离大田小麦 300 m 以外,收获时要单打单收。

2. 种子处理

变温浸种。先将麦种用冷水预浸 4 ~ 6 h,放入 50 ℃温水中浸 1 min,立即捞出再放入 52 ~ 55 ℃温水浸 10 min,然后捞出晾干播种。播种前也可以用石灰水浸种,方法是用生石灰 1 kg 加清水 100 kg,浸麦种 60 ~ 70 kg,注意水要高出种子 10 ~ 15 cm。浸种 2 ~ 4 天,摊开晾干后备播。

3. 药剂拌种

用种子质量 0.03% 的三唑酮或 0.015% ~ 0.2% 的三唑醇拌种,或用 75% 萎锈灵 150 g 或 100% 萎锈灵 100 g 拌麦种 50 kg。拌种时一定要使药剂和麦种充分接触并搅拌均匀。

七、小麦腥黑穗病防治技术

1. 植物检疫

不从发病地区和发病田块调运种子。

2. 农业防治

适时适期播种,底肥充分,促进小苗早出土,粪肥充分腐熟。

3. 药剂防治

可选用50%多菌灵粉剂100 g或70%甲基硫菌灵粉剂50 g,拌麦种50 kg。每666.7 m² 用70%敌克松粉剂400 g,加干细土30 kg混匀后与拌过药剂的种子混播。

4. 选用抗病品种

选用籽粒饱满、产量高的抗病良种。

八、小麦根腐病防治技术

1. 选用抗病品种

选用适合当地栽培的抗小麦根腐病的品种,种植不带黑胚粒的种子。

2. 合理施肥,减少菌源

提倡施用酵素菌沤制的堆肥或腐熟的有机肥。麦收后及时耕翻灭茬,使病残组织当年腐烂,以减少下年初侵染源。

3. 合理轮作,适时早播

采用小麦与马铃薯、油菜等轮作的方式进行换茬,适时早播、浅播,土壤过湿的要散墒后播种,土壤干旱的则应采取镇压保墒等农业措施减轻受害。

九、小麦白粉病防治技术

小麦白粉病的防治主要依靠抗病良种的选育和利用,辅以药剂和栽培防治措施。

1. 选用抗病品种

目前小麦生产上抗病品种很少。自 20 世纪 80 年代以来,来自黑麦的 *Pm*8 基因抗病性逐渐丧失,小麦白粉病的危害日趋严重。应用染色体工程选育出对小麦白粉病免疫的普通小麦－簇毛麦 6V(6A)异代换系。通过异代换系与扬麦 5 号杂交,将来自于簇毛麦的抗白粉病基因定位在 6V 染色体短臂上,经国际小麦基因命名委员会同意正式命名为 *Pm*21 基因。后通过杂交将其导入扬麦 158,培育出丰产抗病的新品种南农 9918,其高抗小麦白粉病,中抗小麦赤霉病,一般不需用药防治。

2. 药剂防治

方法有播种期拌种和春季喷施防治。常用药剂:15% 三唑酮可湿性粉剂拌种,兼治小麦条锈病、小麦纹枯病等。生育期使用三唑酮和烯唑醇可湿性粉剂喷施,效果最好。但三唑酮已经产生抗药性。国外开发的甲氧基丙烯酸酯类菌剂,已取代三唑酮用于小麦白粉病的防治。

3. 栽培管理

越夏区麦收后及时耕翻灭茬,铲除自生麦苗,以减少秋苗期的菌源。合理施肥,注意氮、磷、钾肥配合,适当增施磷、钾肥。控制种植密度,降低田间湿度,改善田间通风透光条件,减少感病机会。南方麦区注意开沟排水,北方麦区适时浇水,使植株生长健壮,增强抗病能力。

十、小麦纹枯病防治技术

小麦纹枯病的防治采用以农业防治措施为基础、药剂防治为重点的综合防治措施。

1. 选用抗病、耐病品种,如扬麦 1 号、丰产 3 号、华麦 7 号等。

2.适期播种,合理密植,避免早播,播种量不要过大。

3.加强田间管理,及时清除田间杂草,雨后及时排水。

4.药剂防治,种子处理:三唑酮拌种,井冈霉素、甲基硫菌灵等也有一定防效。

第二节　水稻主要病害防治技术

一、水稻稻瘟病防治技术

1.选用抗病品种

不种植感病品种,选用抗病、无病、包衣的种子。抗水稻稻瘟病品种选育的途径主要有两种:进行杂交育种时,用抗病性稳定、抗谱广的品种做父本,或用回交转育的方法,将多个垂直抗病性基因转入丰产品种中,获得水平抗病性品种。

要根据病原菌的生理小种变化搞好品种的合理布局,即不同垂直抗病性品种要搭配种植、轮换种植,以免品种单一化,保持品种的稳定性。新品种引进时,必须经过引进、试验和扩繁三个阶段。

2.加强水肥管理

加强水肥管理,施足底肥,增施磷、钾肥,不过多过迟,注意氮、磷、钾肥配合使用,有机肥和化肥配合使用,适当施用含硅酸的肥料(草木灰等)。施用氮肥时,在水源方便的地方应以深水返青、浅水分蘖、晒田拔节和后期浅水为原则,以控制水稻稻瘟病。

3.消灭越冬菌源

妥善处理病稻草,病田收获时将病稻草分开堆放,尽早于播稻前用光,也不能用病稻草苫房或覆盖催芽和捆秧把。利用病稻草堆肥或垫圈时要充分腐熟。

4. 种子处理

10% 抗菌剂 401 的 1 000 倍液或 80% 抗菌剂 402 的 8 000 倍液浸种 2 ~ 3 天,浸后催芽。还可以用浸种灵。

5. 药剂防治

对种植感病品种的田块和品种的易感生育时期,要结合田间病害发生和气候变化情况,做好适时防治。

在气候有利于病害发生的情况下,大田控制稻叶瘟时,在上三片叶病叶率 3% 左右开始喷药。在剑叶发病情况下,穗颈瘟的防治应在破口至始穗期喷一次药,然后根据天气情况在齐穗时喷第二次。

常用药剂:(1)30% 稻瘟灵乳油每 666.7 m^2 用 150 mL;(2)40% 稻瘟灵乳油每 666.7 m^2 用 100 mL;(3)40% 克瘟散乳油每 666.7 m^2 用 100 mL;(4)75% 三环唑可湿性粉剂(主要用于预防穗颈瘟)每 666.7 m^2 用 20 g;(5)20% 三环唑可湿性粉剂每 666.7 m^2 用 75 ~ 100 g。

以上药剂,任选一种,按每 666.7 m^2 用药量加水 60 ~ 75 kg 常量喷雾,或加水 7.5 ~ 10 kg 低容量喷雾。

二、水稻白叶枯病防治技术

选用抗病品种,在控制菌源的前提下,加强水肥管理,辅以药剂防治。

1. 植物检疫

严格植物检疫,严禁调运带病种子。种子调运时必须检疫,无病区不得调入有病种子,从源头上控制病害传播与蔓延。

2. 选用抗病品种

水稻品种间抗病性差异明显,选用抗病品种是最经济有效的途径。IR26、扬稻 2 号、扬稻 3 号、特青、青华矮 6 号等抗病性均较好,鄂宜 105、南京 14 号、湘早籼 42 号、汕优桂 33 等丰产性和抗病性均较好。

3. 种子处理

可用链霉素、敌枯唑、叶枯净等药剂进行种子处理,并处理好病草。

4. 培育壮苗

选择健康无病种子,在上年未发病的田块进行育秧。尽可能防止病稻草上的病原菌传入秧田和本田,消除初侵染源。

5. 加强水肥管理

秧田应选择地势高、无病、排灌方便的地块。做到不过多偏施氮肥,还要配施磷、钾肥。防止串灌、漫灌和长期深水灌溉,做到水层管理和适时晒田相结合,控制病害的发展。

6. 药剂防治

老病区在台风暴雨来临前,对病田或感病品种要全面喷药 1 次,特别是对洪涝淹水的田块。用药次数根据病情发展情况和气候条件决定,一般间隔 7 ~ 10 天喷 1 次,发病早的喷 2 次,发病迟的喷 1 次。坚持种子消毒。秧田期以三叶期施药 1 ~ 2 次效果较好。本田期宜在出现病株或病团时立即施药。生长期选用药剂:20% 叶枯唑可湿性粉剂和 25% 敌枯唑可湿性粉剂。

三、水稻细菌性条斑病防治技术

1. 加强检疫

该病原菌已被列为检疫对象,防止其随种子通过调运远距离传播。实施产地检疫制度,即对制种田在孕穗期做一次认真的田间检查,可确保种子少带菌或不带菌。严格禁止从疫情发生区调运种子。

2. 选用抗(耐)病品种或种子消毒

对可能带菌的稻种采用温汤浸种的办法,稻种在 50 ℃温水中预热 3 min,然后放入 55 ℃温水中浸泡 10 min,至少翻动或搅拌 3 次。处理后立即取出放入冷水中降温,可有效地杀死种子上的病原菌。

3. 栽培管理

避免偏施、迟施氮肥,配施磷、钾肥,采用配方施肥技术。不灌串水和深水。

4. 药剂防治

看到稻叶上有条斑出现时,应该立即喷药防治,常用的药剂有叶枯唑、噻森铜、消菌灵等。乳油型铜素杀菌剂绿乳铜是防治水稻细菌性条斑病的很有希望的农药新品种。在病害流行盛期,每666.7 m^2 用12%绿乳铜乳油100 mL,兑水500倍喷施,隔10天再喷1次。

四、水稻胡麻斑病防治技术

1. 深翻灭茬,减少菌源。病稻草要及时销毁。
2. 选在无病田留种,种子消毒。
3. 增施腐熟堆肥做基肥,及时追肥,增施磷、钾肥,特别是钾肥的施用可提高植株抗病力。酸性土地注意排水,适当施用石灰。要浅灌勤灌,避免长期水淹造成通气不良。
4. 药剂防治参见水稻稻瘟病。

五、水稻稻曲病防治技术

以选用抗病品种为主、药剂防治为辅,注意适期用药,合理调整农业栽培措施。

1. 农业防治

①因地制宜选用抗病良种;②建立无病留种田,注意晒田,发病的地块收割后要及时耕翻,选用不带病种子;③播种前及时清除病残体;④合量密植,适时移栽,浅灌勤灌;⑤合理施用氮、磷、钾肥,施足基肥,巧施穗肥,适时适量施硅肥。

2. 药剂防治

①种子处理:可选用50%多菌灵可湿性粉剂1 000倍液浸种24~48 h,以

减少部分侵染源;还可选用50%苯菌灵可湿性粉剂500~800倍液浸种,早稻浸72 h,晚稻浸48 h,浸种后可直接播种。上述处理可兼防水稻恶苗病、绵腐病和稻瘟病。②喷雾防治:可选用井冈霉素或50%稻后安(氧化亚铜+三唑酮)、18%纹曲清(井冈霉素+烯唑醇)、可杀得等,在抽穗前5~7天喷雾,但应注意在穗期用药的安全性。

六、水稻恶苗病防治技术

1.选栽抗病品种,避免种植感病品种。建立无病留种田。

2.清除病残体,及时拔除病株并销毁,病稻草收获后做燃料或沤制堆肥。

3.加强栽培管理,催芽时间不宜过长,拔秧要尽可能避免损根。做到"五不插",即不插隔夜秧,不插老龄秧,不插深泥秧,不插烈日秧,不插冷水浸的秧。

4.种子处理。用1%石灰水澄清液浸种,或用50%甲基硫菌灵可湿性粉剂浸种。用2%福尔马林浸闷种,或用40%拌种双可湿性粉剂或50%多菌灵可湿性粉剂加少量水溶解后拌稻种。

七、稻粒黑粉病防治技术

1.实行检疫,严防带菌稻种传入无病区。

2.制种基地合理轮换,年限保持3年以上。病区家禽、家畜粪便沤制腐熟后再施用,防止土壤、粪肥传播病原菌。

3.明确当地老制种田是土壤带菌还是种子带菌。如为种子带菌的制种田,播种前用10%盐水选种,汰除病粒,然后进行种子消毒,消毒方法参见水稻稻瘟病。

4.加强栽培管理,合理用肥。避免偏施、过施氮肥,制种田做到出秧整齐,达到花期相遇。孕穗后期喷洒赤霉素等可减轻发病。

5.杂交制种田或种植感病品种发病重的地区或年份,于水稻盛花高峰末期和抽穗始期,进行药剂防治。以17%三唑醇可湿性粉剂和12.5%烯唑醇可湿性粉剂按相应的用量和浓度进行防治。

第三节 玉米主要病害防治技术

一、玉米瘤黑粉病防治技术

防治玉米瘤黑粉病应以种植抗病、耐病杂交种为主要措施,配合采用减少菌源的栽培措施,坚持早期摘除病瘤。

1. 选用抗病品种

目前尚无免疫品种。但自交系和杂交种之间抗病性有明显差异。当前生产上较抗病的杂交种有掖单 2 号、掖单 4 号、中单 2 号、农大 108、吉单 342 等。

2. 农业防治

病田实行 2 ~ 3 年轮作。使用充分腐熟的堆肥、厩肥,防止病原菌随粪肥传播。玉米收获后及时清除田间病残体,结合秋整地深埋。适期播种,合理密植。加强水肥管理,均衡施肥,避免偏施氮肥,防止植株贪青徒长。在病瘤未成熟破裂前,尽早摘除病瘤并深埋销毁。摘瘤应定期、持续进行,长期坚持,力求彻底。

3. 药剂防治

带菌种子是田间发病的菌源之一。对带菌种子,可用杀菌剂处理。如用 50% 福美双可湿性粉剂,按种子质量 0.2% 的用药量拌种,或 25% 三唑酮可湿性粉剂,按种子质量 0.3% 的用药量拌种。

二、玉米丝黑穗病防治技术

1. 选用抗病品种

选用抗病品种是解决该病的有效措施。一般亲本抗病,杂种一代也抗病,亲本感病,杂种一代也感病。所以在抗病育种工作中,应选择优良抗病自交系为亲本,以获得抗病的后代。抗病的杂交种有丹玉 13 号、掖单 14 号、豫玉 28

号等。

2. 种子处理

用药剂处理种子是防治措施中的主要环节。方法有拌种、浸种和种衣剂处理3种。药剂防治选择内吸性强、残效期长的农药,效果才比较好。三唑类杀菌剂拌种防治玉米丝黑穗病效果较好,大面积防效可稳定在60%～70%。

3. 拔除病株

可结合田间间苗、定苗及中耕除草等拔除病苗,拔节至抽穗期病原菌黑粉末散落前拔除病株,抽雄后继续拔除,彻底清除。拔除的病株要深埋、烧毁。

4. 栽培管理

合理轮作:与高粱、谷子、大豆、甘薯等作物,实行3年以上轮作。调整播期以及提高播种质量:播期适宜并且播种深浅一致,覆土厚薄适宜。施用净肥减少菌量:禁止用带病秸秆等喂牲畜和做积肥。肥料要充分腐熟后再施用,减少土壤病原菌来源。另外,清洁田园,处理田间病残体,同时秋季深翻土地,减少病原菌来源,从而减轻病害发生。

三、玉米穗腐病防治技术

选育和推广抗病品种是解决玉米穗腐病危害的根本途径,辅以药剂防治等。

1. 实行轮作,清除并销毁病残体。适期播种,合理密植,合理施肥,促进早熟,注意虫害防治,减少伤口侵染的机会。玉米成熟后及时采收,充分晒干后入仓贮存。

2. 药剂拌种及药剂防治,做好种子药剂处理,以减少种子上镰刀菌等病原菌数量;防治苗期土传病害,培育壮苗;做好抽穗期虫害防治,减少虫害造成的伤口,防止病原菌侵入;抽穗期应用百菌清、多菌灵等药剂喷施,减轻玉米穗腐病的发生。

四、玉米干腐病防治技术

1.列入检疫对象的地区及无病区要加强检疫,严禁从病区调种,防止该病传入无病区。

2.病区要建立无病留种田和选用无病种子。

3.重病区应实行大面积轮作,不连作。

4.收获后及时清洁田园,深翻灭茬,以减少菌源。

5.药剂防治:①用 200 倍福尔马林浸种 1 h 或用 50% 多菌灵或甲基硫菌灵可湿性粉剂 100 倍液浸种 24 h 后,用清水冲洗晾干后播种。②抽穗期发病初喷洒 50% 多菌灵或 50% 甲基硫菌灵可湿性粉剂 1 000 倍液或 25% 苯菌灵乳油 800 倍液,重点喷果穗和下部茎叶,隔 7 ~ 10 天喷 1 次,防治 1 次或 2 次。

五、玉米小斑病防治技术

玉米小斑病的防治应以种植抗病品种为主,提高玉米栽培技术和管理水平,减少菌源并与药剂防治相结合。

1.因地制宜选种抗病杂交种或品种,如掖单 4 号、掖单 2 号、沈单 7 号、丹玉 16 号、农大 60、农大 3138、农单 5 号。

2.减少菌源,清洁田园,深翻土地,控制菌源;摘除下部老叶、病叶,减少再侵染菌源。

3.加强栽培管理,进行作物品种合理布局,实行玉米 – 大豆、玉米 – 小麦轮作倒茬,适时播种,合理密植,实行秸秆还田,增施有机肥,氮、磷、钾肥合理配比。

4.药剂防治,对玉米叶斑类病害严重发生的地区和田块,特别是制种田和自交系繁育田,可用 50% 多菌灵 500 倍液、75% 百菌清 400 ~ 500 倍液,还可用 40% 克瘟散、50% 退菌特、25% 三唑酮和 50% 敌菌灵等。

六、玉米大斑病防治技术

以选用抗病品种和农业防治为主,田间发病时根据病情适时进行药剂防治。

1. 选用抗病品种和农业防治

种植抗病品种是防治玉米大斑病经济有效的措施。根据品种特性进行合理密植,降低田间湿度。施足基肥,适期追肥,氮、磷、钾肥合理配合。利用玉米大斑病存在阶段抗病性的特性,适期早播可避免病害的发生和流行。清除菌源,及时处理带病秸秆。

2. 药剂防治

可选用90%代森锰锌可湿性粉剂1 000倍液在发病初期喷雾,每隔7～10天喷1次,连续2～3次,也可选用10%世高、70%可杀得、50%扑海因、50%菌核净等药剂。

七、玉米粗缩病防治技术

在玉米粗缩病的防治上,要坚持以农业防治为主、药剂防治为辅的综合防治方针,其核心是控制毒源,压低虫源,使玉米对粗缩病毒的敏感期避开灰飞虱传毒盛期,从而减少危害。

1. 选用抗耐病品种,适期播种

根据本地条件选用抗病性相对较好的品种,合理布局,避免抗病品种的大面积单一种植。根据该病发病规律,可以人为调整播期,提早或推迟播期,避免玉米感病敏感期与灰飞虱一代成虫迁入玉米田高峰期相吻合。最大限度使灰飞虱在玉米苗龄较大时进入玉米田,使玉米最感病的幼苗期避开灰飞虱传毒盛期。

2. 加强田间管理,控制毒源

调整播期,适期播种,避开5月中下旬灰飞虱传毒盛期;改套种为纯作,播种前深耕灭茬,彻底清除地头和田边的杂草,以减少初侵染源,破坏灰飞虱的栖息场所;结合间苗、定苗,及时拔除田间病株,带出田外烧毁或深埋,控制毒源;合理施肥、浇水,加强田间管理,促进玉米生长,缩短感病期,减少传毒机会,并增强玉米抗耐病能力;此外,有条件的地方,可利用灰飞虱不能在双子叶植物上生存的弱点,在玉米周围种植大豆、棉花等作为保护带,将灰飞虱拒于玉米田以外。

3.药剂防治

在玉米出苗至三叶一心期喷洒40%氧化乐果1 000～1 500倍液、25%吡虫啉4 000～6 000倍液等,防治传毒介体灰飞虱。也可选用5.5%植病灵800倍液喷洒防治玉米粗缩病。

第四节　大豆主要病害防治技术

一、大豆花叶病防治技术

采取以播种无毒种子为核心、培育抗病品种为根本的综合防治措施。
1.播种无毒或低毒的种子,是防治该病的关键。
2.选育推广抗病品种。
3.防蚜治病,有条件的铺银灰膜驱蚜,防治效果可达80%。
4.加强检疫,特别是种子检疫。

二、大豆灰斑病防治技术

1.选用抗病品种

大豆生产上种植面积较大的抗大豆灰斑病的品种有合丰42号、绥农14号、合丰35号、合丰45号、绥农10号、垦农18号、黑农44号、黑农37号。

2.农业防治

①选用健康无病种子:选用无病田生产的大豆种子,播种前精选并进行种子消毒或药剂拌种。②轮作:因为连作地大豆灰斑病病原菌在大豆植株病残体上菌量大,菌源多,所以发病重,而轮作地相对菌源少则发病轻,提倡大面积与非寄主作物轮作。一般可采用麦－麦－豆、麦－杂－豆或麦－豆－杂的轮作换

茬方式,做到不重不迎,以减少田间病残体。如轮作有困难,应在秋后翻耕豆田,减少越冬菌量。③合理施肥:在合理密植、加强田间管理的基础上,要合理施肥。有条件的地方要增施有机肥,适当减少化肥用量,用促、控、促的方法,增强大豆长势,提高抗病能力。实现种地养地相结合、均衡增产的目标。④秋收后耕翻土地:将病残体翻入土中 10 cm 以下,可以大量杀灭侵染源,减轻发病程度。在低洼地要注意排除田间积水,降低田间湿度,提高地表温度。在低温地上,具体的作业方法有垄体深松、分层施肥、高垄宽苗带栽培技术。⑤其他农业技术措施防治:在病害发生地块及时清除病株,杜绝再侵染,可较好地控制后期田间病害发生程度。铲除田间杂草,田间杂草过多会影响田间的通风透光,使田间小气候湿度加大。因此,在其他条件相同情况下,杂草越多,发病越重。合理密植,由于密度加大,倒伏严重,田间通风透光不良,有利于病情蔓延。加强栽培管理,控制杂草,降低田间湿度,避免低洼地栽培,实行垄作栽培,及时进行铲趟、除草,及时排除田间积水,以减轻病害。

3. 药剂防治

应用普遍、防效较好的有 50% 多菌灵可湿性粉剂、70% 甲基硫菌灵可湿性粉剂、0.3% 多福合剂(拌种)、0.4% 多克合剂(拌种),大田防治效果在 50% 以下的农药不宜使用。在大豆灰斑病发生中度以上病区,要注意抓准防治时机,田间一次性施药的关键时期是始荚期至盛荚期。如防治 2 次或 3 次者,在第一次防治之后,每隔 7~10 天再防治一次。用药量根据农药有效成分含量和防治效果确定,因药剂不同而异,按农药说明书使用。具体药液配制示例如下:用种子质量的 0.3%~0.4% 多福合剂拌种;用 40% 多菌灵胶悬剂,每 666.7 m^2 100 g,稀释成 800~1 000 倍液喷雾;用 50% 多菌灵可湿性粉剂或 70% 甲基硫菌灵可湿性粉剂,每 666.7 m^2 用 75~100 g 兑水稀释成 800~1 000 倍液喷雾;用 28% 溴氰菊酯乳油(每 666.7 m^2 用 40 mL)与 50% 多菌灵可湿性粉剂(每 666.7 m^2 用 75 g)混合,加水 100 kg 喷雾处理。

三、大豆疫霉病防治技术

采用合理的技术措施可对大豆疫霉病进行有效的控制,如进行植物检疫、选用抗病品种、采用农艺措施、施用化学药剂。

1. 植物检疫

目前大豆疫霉病已在我国部分地区发生,因此,要严格进行检疫。不要在病害发生重病区繁殖生产用大豆种子,也不要在病害发生重病区调出大豆种子,如确需调运的,必须经检疫部门检疫合格后方可调运。

2. 选用抗病品种

在大豆疫霉病发生的地区,根据地域和生态条件应推广种植如绥农 10 号、绥农 11 号、抗线 2 号、嫩丰 15 号、垦农 4 号、红丰 8 号等抗病品种。在黑龙江东部大豆产区的病区建议种植绥农 10 号、绥农 11 号大豆品种,这两个品种不仅抗病性好,而且丰产性和其他农艺性状都比较好;在黑龙江的西部地区的病区建议种植抗线 2 号、嫩丰 15 号,这两个品种不但抗大豆疫霉病,而且还抗大豆胞囊线虫病;在东部的国有农场的病区建议种植垦农 4 号、红丰 8 号这两个品种;在三江平原东部的部分半山区的病区建议种植合丰 42 号,这个品种对大豆疫霉病较耐病。

3. 采用农艺措施

①重视耕地保护,实行轮作、休闲耕作制。坚持"三三制"轮作,可推广麦 – 麦 – 豆、麦 – 豆 – 杂、麦 – 杂 – 豆以及麦 – 麦 – 豆 – 杂方式。避免重茬、迎茬,对大豆疫霉病发生重地块至少实行 4 年以上的轮作,有条件的地区如能采取水旱轮作效果最好。

②秋整地为宜,尽量不要春整地。全方位超深松、三段式心土混层耕、这些土壤整地方法对降低发病率都很重要。白浆土地块大豆疫霉病发生重,白浆土改良犁或根茬秸秆混合犁改良的土壤能明显降低大豆疫霉病发病率。

③提倡垄作栽培模式,尽量避开平播密植。垄三栽培和 70 cm 垄上双行种植大豆疫霉病发病率都较低,发病最重的是平播密植。一般情况垄作平方米保苗 25 ~ 35 株、品种株高 80 ~ 120 cm 为宜,也因品种而异。

④适当晚播,控制播深。播期过早或播种过深均可加重苗期大豆疫霉病发生。一般 0 ~ 5 cm 表土土温基本稳定在 6 ~ 8 ℃时即可播种,注意墒情,湿度大时,宁可稍晚播也不能顶湿强播。播种深度一般在 5 cm,如应用播后苗前除草

剂,可适当调整播种深度,因过浅易造成药害,但又不能过深。

⑤增施农家肥加磷肥、农家肥加钼肥和锌肥、农家肥加钼肥和硼肥,这些措施均能起到健株防病的作用。施用农家肥可以改善土壤的理化结构,提高土壤透气性,不利于大豆疫霉病病原菌在土壤中存活,使其发病率明显降低。有条件的地方,每年可适当向田间施用一定量的腐熟农家肥,没有充足农家肥的地区也可以磷、钾肥为种肥。于生育期间叶面喷氮肥,能较好地降低大豆疫霉病的发病率。

⑥栽培大豆避免种植在低洼、排水不良或重黏、紧实地块;加强耕作,防止土地板结,增加水的渗透性,对于积水地块要挖排水沟来降低土壤中的水分,破坏病原菌的生存条件,有利于减轻发病或不发病。

⑦加强田间管理。如合理中耕培土(生育期间至少要进行2次),深松和及时排出田间积水,改善土壤通气条件,促进大豆生长发育,提高大豆抗病和耐病能力,及时防治其他地下病虫害。

⑧辅助措施。根据大豆生育期间的实际情况,可采取灵活的辅助措施,在发病区如遇连雨年份就要加强排涝,用耕作措施排出土壤中多余的水分和缩短土壤浸水时间可以减轻大豆疫霉病的危害。同时要注意草情。另外要及早清除田间病残体,将病残体深埋地下,以消除病原菌减轻病情。

4. 施用化学药剂

①甲霜灵锰锌是防治大豆疫霉病最理想的药剂,采用种子质量0.3% ~ 0.4%拌种,防效在80% ~90%。有条件的地方也可采用在药剂拌种的基础上,再进行一次生长期的叶面喷雾,这样既提高防效,又可增产。试验证明药剂拌种对大豆种子的萌发、出苗无不良影响,不产生药害,同时药剂拌种方法简单,容易操作,易被农民接受,另外,采用药剂拌种用药量少,价格低,防效好。

②对于抗病性强的品种,播种时种子下施甲霜灵,药向根区渗透被根吸收,可抑制菌丝在根内生长。

③ND98－1种衣剂对大豆苗期疫霉病有较好的防治效果,平均防效达65%,持效期在40~50天,并能提高出苗率和保苗率。

四、大豆霜霉病防治技术

1.选用抗病品种

根据各地病原菌的优势生理小种,选育和推广抗病良种。

2.农业防治

精选种子,剔除病粒,保证种子不带菌;建立无病种子田,或从无病田中留种;采用无病种子播种时必须进行种子处理;合理轮作,病残体上的卵孢子虽不是主要的初侵染源,但轮作或清除病残体也可减轻发病;铲除病苗,当田间发现中心病株时,可结合田间管理清除病苗。

3.药剂防治

①药剂拌种:选用35%甲霜灵可湿性粉剂按种子质量0.3%拌种,或用80%美帕曲星可湿性粉剂按种子质量0.3%拌种。②喷药防治:发病始期及早喷药,可选75%百菌清可湿性粉剂700~800倍液,或70%代森锰锌可湿性粉剂500倍液,或50%福美双可湿性粉剂500~1 000倍液等进行喷雾,每隔7~10天喷1次,共两次。

五、大豆紫斑病防治技术

1.选育和利用抗病品种,生产上抗病或较抗病的品种,有铁丰19号,丰地黄,跃进2号、3号,沛县大白角,京黄3号,中黄4号,长农7号,科黄2号,文丰3号、5号,丰收15,九农5号、9号,等等。

2.选用无病种子并进行种子处理,用0.3%~0.8%的50%福美双或40%大富丹拌种。

3.大豆收获后及时进行秋耕,以加速病残体腐烂,减少初侵染源。

4.田间喷药。在开花结荚初期喷施40%多菌灵、70%甲基硫菌灵、65%代森锌等。

六、大豆细菌性斑点病防治技术

1. 轮作。最好与禾本科作物进行 3 年以上轮作。

2. 选用抗病品种。目前我国已育出一批较抗细菌性斑点病的大豆品种,如徐州 424、科黄 2 号、南 493 - 1、沛县大白角等。

3. 播种前用种子质量 0.3% 的 50% 福美双拌种。

4. 发病初期喷洒 1∶1∶160 倍式波尔多液或 30% 绿得保悬浮液 400 倍液,视病情防治 1 次或 2 次。

七、大豆炭疽病防治技术

1. 选用无病种子和应用抗病品种。

2. 田间收获后及时清除病残体,深翻,实行 3 年以上轮作。

3. 药剂防治。播种前用种子质量 0.5% 的 50% 多菌灵可湿性粉剂或 50% 扑海因可湿性粉剂拌种,拌后闷几小时。也可在开花后喷 25% 炭特灵可湿性粉剂 500 倍液或 47% 加瑞农可湿性粉剂 600 倍液。

八、大豆菟丝子防治技术

1. 精选种子,防止菟丝子种子混入,并加强检疫。

2. 深翻土地,以抑制菟丝子种子萌发。

3. 摘除菟丝子藤蔓,带出田外烧毁或深埋。

4. 锄地,在菟丝子幼苗未长出缠绕茎以前锄灭。

5. 受害重的地方,可实行与玉米轮作。

6. 药剂防治,可选 10% 草甘膦水剂。

7. 生物防治,喷洒鲁保 1 号生物制剂。

九、大豆胞囊线虫病防治技术

保护无病区,对病区以农业防治为主,辅以药剂防治,并积极选育抗病品种。

1. 加强检疫,保护无病区

对于无病田,应严禁线虫的传入。通过种子检验,严防与杜绝机械作业等传播线虫。

2. 轮作

与禾谷类等非寄主作物实行 3 年以上轮作,轮作年限越长,防治效果越显著。

3. 选用抗病品种

品种资源中黑豆等可作为抗源使用。黑龙江等地育成一些抗线品种,如抗线系列号品种适合在盐碱地重病区应用,20 世纪 90 年代已开始推广。抗线品种在生产上选用可增产 10% ~ 15% 。

4. 药剂防治

可选用熏蒸剂或内吸剂治疗。常用药剂:棉隆、呋喃丹、涕灭威、克百威、甲基异柳磷。

第五节 油菜和花生主要病害防治技术

一、油菜菌核病防治技术

采取以种植抗病品种为基础、农业和药剂防治相结合的措施进行综合防治。

1. 选用抗病品种

甘蓝型、芥菜型油菜抗病性较强。

2. 农业防治

稻油轮作或旱地油菜与禾本科作物进行两年以上轮作可减少菌源;播种前

进行种子处理,用10%盐水选种,去除浮起来的病种子及小菌核,选好的种子晾干后播种;无病株留种;及时处理病残体;培育矮壮苗,适时换茬移栽,做到合理密植;合理施肥,适当控制氮肥的施用,补施磷、钾肥;改善田间小气候,长江流域地区春季多雨,应深沟窄畦,降低田间湿度,改善通风和透光条件。

3. 药剂防治

在盛花期和终花期各喷药1次。

4. 生物防治

多种寄生性真菌对菌核病有较好的防治效果,如木霉、盾壳霉等可以寄生菌核,有较好的防治效果。

二、花生叶斑病防治技术

农业防治措施是基础,清除病残体,减少初侵染源非常重要。选用抗病品种。大发生时进行药剂防治。

1. 农业防治

选用抗病品种;花生收获后要尽量清除田间病残组织,及时翻耕,实行轮作。轮作换茬:花生叶斑病的寄主单一,只侵染花生,因此与甘薯、小麦作物隔年轮作有很好的预防效果。

2. 药剂防治

在花生生育期内,自始花起根据病情每10~15天喷1次药,连续喷2~4次,能达到控制和预防病害的效果。发病初期可选用75%百菌清500~800倍液或50%多菌灵可湿性粉剂800~1 000倍液,还可选用12.5%烯唑醇、75%代森锰锌等药剂。

三、花生根结线虫病防治技术

加强植物检疫,保护无病区;病区以农业防治为基础,辅以药剂防治。

1. 加强检疫

不从病区调运花生种子,确需调运种子时,应加强检疫,剥去果壳,只调运果仁,并在调运前将其干燥到含水量低于10%。

2. 加强农业防治

选用抗病品种。病地花生要就地收获,不要带出田外。收获后彻底清除田间病残体和杂草,就地晒干,集中烧毁;不得使用未经干燥处理的病残体做饲料或沤肥,以减少初侵染源。改良土壤,增施腐熟的有机肥,增强植株抗病力。不要串灌,防止水流传播。与甘薯或禾本科作物实行 2~3 年轮作。

3. 药剂防治

重病田播种前 15~20 天进行土壤熏蒸处理,沟施 98% 棉隆微粒剂 75~150 kg/hm²,也可在播种时选用力满库颗粒剂 30~60 kg/hm² 或施用 3% 呋喃丹颗粒剂 22~26 kg/hm²,沟施或穴施。注意这 3 种药剂不要直接与种子接触,否则易发生药害。也可用 10% 防线 1 号 30~37.5 kg,加细土 300 kg,混匀后施入穴中,撒土后播种,或用 40% 甲基异柳磷 11 kg 稀释后施入播种穴中。此外,应用淡紫拟青霉等生物制剂对根结线虫病也有较好的防治效果。

四、花生青枯病防治技术

防治策略应采用以合理轮作、种植抗病品种为主的综合防治措施。

1. 合理轮作

水源充足的地方实行水旱轮作,轮作 1 年就有很好的防病效果;旱地可与禾谷类等非寄主作物轮作,轻病田要进行 1~3 年的轮作,重病田实行 4~5 年的轮作。

2. 选用抗病品种

一些品种的抗病性在各地表现不一样,应进一步通过试验因地制宜地选用抗病品种。如鲁花 3 号、协抗青、抗青 10、抗青 11、中花 2 号、鄂花 5 号、桂油

28、粤油 22 等抗病品种。

3. 栽培管理

在发病初期要及时拔除病株,收获后彻底清除田间病残体,病穴撒上石灰消毒,不要将混有病残体的堆肥直接施入花生田或轮作田做基肥,粪肥要经高温发酵后再施用。也可施用石灰 450 ~ 750 kg/hm²,使土壤呈微碱性,以抑制病原菌生长,减少发病。病田要增施有机肥和磷钾,促使植株生长健壮。

4. 药剂防治

目前尚未发现特别有效的药剂。如发病初期喷施 100 ~ 500 mg/kg 的农用链霉素,每隔 7 ~ 10 天喷 1 次,连续喷 3 ~ 4 次。用 25% 敌枯双 37.5 kg/hm² 配药土播种时盖种,或选用 25% 敌枯双、14% 络氨铜水、23% 络氨铜粉剂 300 倍液、10% 浸种灵等灌根,均有一定的防病效果。

五、花生锈病防治技术

1. 农业防治

在高产的前提下,因地制宜调节播期。春花生适当早播,秋花生适当晚播,避过多雨季节,减少发病。一般南部地区春花生可在立春至雨水播种,北部地区可在惊蛰播种;秋花生以立秋至处暑播种为宜。施足基肥,增施磷、钾肥,早施追肥。春、秋花生收获后,要清除田间落粒自生苗。实行轮作,减少田间菌源。种植抗病、耐病品种。

2. 药剂防治

病株率达 15% ~30% 时,叶片病情指数在 3 左右或近地面 1 ~ 2 片叶有 2 ~ 3 个病斑时,及时喷药防治。可选用的药剂有 1∶2∶200 的波尔多液,或 62.5% 锰锌可湿性粉剂 600 倍液,可兼治叶斑病;或 75% 百菌清 600 倍液、25% 三唑酮可湿性粉剂 1 500 倍液喷雾防治。喷药次数根据病情和天气情况而定,一般 8 ~ 10 天喷药 1 次,连续 3 ~4 次。

第六节　薯类作物主要病害防治技术

一、马铃薯病毒病防治技术

1. 建立无病留种基地

品种基地应建立在冷凉山区,繁殖无毒或未退化的良种。

2. 采用无毒种薯

建立从原种到生产用种的各级种子田,逐级繁殖无毒种薯。原种田要用病毒检测证明无毒的种薯,推广茎尖组织脱毒技术。原种田最好设置在病毒繁殖较慢的高纬度或高海拔地带,如黑龙江省北部或南方山区。种子田应与生产田及传毒蚜虫的其他寄主作物距离 50 m 以上,原种田和种子田要早期拔除病株和施用药剂防治蚜虫。

3. 农业防治

马铃薯病毒病种类多,很难得到能够兼抗多种病毒的品种,但可选用抗当地主要病毒种类的品种;加强栽培管理,增强植株抗病性。及早清除病株,精耕细作,高垄栽培,合理灌溉,增施肥料都可以增强抗病性,减轻发病。

4. 药剂防治

种子田出苗前后及时喷药。

二、马铃薯晚疫病防治技术

以种植抗病品种、选用无病种薯为基础,结合铲除中心病株、药剂防治和改善栽培管理等综合防治技术。

1. 农业防治

利用抗病品种控制晚疫病发生工省效宏,但晚疫病病原菌致病性分化明显,极易发生变异,常使垂直抗病性品种丧失抗病性。所以,生产上提倡种植具有水平抗病性的品种,其抗病性比较稳定。目前较抗病的品种有克新1号、克新2号、克新3号、跃进和克疫等。

播种前选择无病种薯,减少初侵染源,减少田间中心病株的数量,建立无病留种地;选择地势较高、排水良好的沙壤土种植,降低田间湿度,促进植株健壮生长,提高抗病能力;马铃薯生长后期,培土可减少游动孢子侵染薯块的机会;在流行年份,收获前两周割秧,可避免薯块与病株接触,降低薯块带菌率。

2.药剂防治

发现中心病株后立即进行药剂防治,可选用70%加瑞农、72%克露、72.2%普力克、50%敌菌灵、50%退菌特、58%甲霜灵锰锌等药剂进行防治。

三、马铃薯环腐病防治技术

种薯不带菌是最重要的预防措施。

1.农业防治

①选用较抗病的品种。②采用无病种薯。③切刀消毒:操作时准备两把刀、一盆药水。在淘汰外表有病状的薯块基础上,先削去薯块尾部进行观察,有病的淘汰,无病的随即切种,每切一薯块换一把刀。消毒药水可选用5%石炭酸、0.1%高锰酸钾、75%乙醇等。④实行与十字花科或禾本科作物4年以上轮作,最好与禾本科作物进行水旱轮作。⑤选择无病地育苗,采用高畦栽培,避免大水漫灌。

2.药剂防治

在发病初期用硫酸链霉素、72%农用硫酸链霉素可溶性粉剂4 000倍液、25%络氨铜水剂500倍液、77%可杀得可湿性微粒粉剂400~500倍液、50%百菌通可湿性粉剂400倍液、47%加瑞农可湿性粉剂700倍液灌根。药剂浸泡种薯:用50 μL/L的硫酸铜溶液浸泡种薯10 min可获较好的杀菌效果。

四、甘薯黑斑病防治技术

应采用以无病种薯为基础,以培育无病壮苗为中心,以减少初侵染源为主、防重于治的综合防治措施。

1. 严格植物检疫制度,严禁从病区调入种薯和种苗。

2. 播种时要选用无病种薯,要建立无病留种田。

3. 培育无病壮苗:温汤浸种或种薯用50%多菌灵可湿性粉剂 1 000 倍液浸泡 5 min。

4. 安全贮藏种薯:无病种田的薯块应单收并用新窖贮藏,薯块入窖前应严格剔除病薯和伤薯。

5. 薯苗剪后用50%甲基硫菌灵可湿性粉剂 1 500 倍液浸苗 10 min,要求药液浸至种藤 1/3 ~ 1/2 处。

五、甘薯茎线虫病防治技术

1. 严格执行内检

不从病区调运种薯。

2. 减少菌源

清除病残体,减少初侵染源。

3. 轮作

重病区或重病地应该实行轮作,甘薯与高粱、玉米、棉花相互轮作 3 年,能基本控制甘薯茎线虫病的发生和危害。

4. 建立无病留种田,培育无病壮苗

种薯用 51 ~ 54 ℃温汤浸种,苗床用净土或用 3% 呋喃丹颗粒剂 0.5 kg/m² 处理,以培育无病壮苗。

5. 选用抗病品种

种薯抗病性差异较大,重病田块选用抗病的徐薯 18、北京 553、济薯 18 号、鲁薯 3 号、豫薯 12 号、豫薯 13 号、苏薯 8 号、鲁薯 7 号等。

6. 土壤处理

可选药剂有 5% 涕灭威颗粒剂、3% 甲基异柳磷颗粒剂、3% 克百威颗粒剂或 5% 灭线磷颗粒剂。

7. 适时收获,安全储藏

大田甘薯应适期早收,以减轻病、虫、冻危害。留种田在霜降前,选晴天收刨。

六、甘薯根腐病防治技术

1. 选用抗病高产品种

如徐薯 18、烟薯 3 号、丰薯 1 号、郑州红 4 号、南京 92 等。

2. 实行轮作换茬

病田实行 3 年以上轮作,可与花生、芝麻、棉花、玉米、高粱等作物轮作。

3. 栽培管理

春薯适当早育苗、育壮苗,保证时期早栽。有灌溉条件的地方应在栽植返苗后普浇 1 次水,以提高植株抗病力。清洁田园,减少田间菌源量。增施磷肥,加强田间管理。

4. 药剂防治

50% 硫菌灵对本病有较好的防治效果。

第七节　烟草、棉花主要病害防治技术

一、烟草花叶病防治技术

烟草花叶病的防治应采取选用抗病或耐病品种、清除毒源、合理安排作物茬口、加强栽培管理等综合措施。

1. 选用抗病、耐病品种

不同的烟草品种发病程度有显著的差异。选用长势强、发育速度快、适应当地条件的耐病品种,如辽44、6315、176、NC89、G80等。注意高抗品种的选育。

2. 建立无病留种田

从无病株上留种。

3. 清除毒源

要减少侵染源,发现病苗及时拔除,带出田间深埋或烧毁。

4. 合理安排作物茬口

烟草与麦类或玉米等作物套种,具有明显的防病效果。

5. 栽培管理

苗床应选用2年以上未种植寄主作物的田块,要远离菜地、烤房、晾棚,施用净肥,培育无病壮苗。选用从无病田无病株上采收的种子,或用0.1%硝酸银液浸种10 min,浸种后要反复冲洗。间苗、定苗前要用肥皂将手洗干净,发现病株及时拔除。充分施足氮、磷、钾肥,及时喷多种微量元素肥料,提高植株抗病能力。

二、棉花苗期病害防治技术

采用以加强栽培管理为主、棉种处理与药剂防治为辅的综合防治措施。

1. 农业防治

①选用品种纯度高、净度高、发芽率高的种子,晒种 2～3 天后进行种子处理,可提高出苗率且幼苗长势好。②合理轮作,重病区可选择棉花与禾本科作物轮作,最好稻、棉轮作。收获后深翻,将病残体深埋。③适时播种、育苗和移栽,在 5 cm 土温稳定在 12 ℃ 以上时播种。选择地势高、排水良好的田块做苗床。播种覆土后,撒薄层草木灰,再覆盖地膜促进出苗,提高棉苗抗病力。营养钵育苗防病效果更好,钵土宜使用无病土或稻茬土。④合理施肥,增施有机肥,施用苗肥,促进苗壮,增强抗病力,注意氮、钾肥配合施用。⑤加强田间管理,出苗后及时中耕,提高土温,降低土壤湿度,提高土壤通气性,有利于棉苗根系生长发育,抑制根病。雨量大时及时排水。及时间苗和处理病苗、死苗,减少病害的再传染。

2. 种子处理

可选用棉籽质量 0.5% 的 40% 拌种双可湿性粉剂拌种,或棉籽质量 0.5%～0.8% 的 50% 多菌灵可湿性粉剂拌种,密闭半个月左右播种。也可选用 0.3% 多菌灵胶悬剂浸种 14 h;或 402 抗菌剂 2 000 倍液,在 55～60 ℃ 下浸闷 30 min,晾干后播种。温汤浸种的方法是在 55～60 ℃ 温水中浸种 30 min 后立即转入冷水中冷却,捞出晾至茸毛发白,再用一定量的拌种剂和草木灰配成药灰搓种,现搓现播。

3. 药剂防治

在出苗 80% 时进行叶面喷雾,以后视病情决定是否继续施药。可选用 0.25%～0.5% 等量式波尔多液,首次使用浓度为 0.25%,以后可采用 0.5%。也可选用 50% 多菌灵可湿性粉剂 800～1 000 倍液或 65% 代森锰锌 500～800 倍液。

三、棉花枯萎病防治技术

1. 加强植物检疫

保护无病区。

2. 控制轻病区

稻棉轮作治理效果显著。铲除土壤中菌源，及时定苗，拔除病苗并在病株周围进行氯化苦消毒。

3. 使用无菌棉种，进行种子消毒

用 40% 多菌灵胶悬剂 375 g 加水 50 kg 可浸毛籽 20 kg，浸泡一夜即可。

4. 种植抗病品种

抗病品种有陕 401、陕 5245、川 73 - 27、鲁抗 1 号、86 - 1 号、晋棉 7 号、盐棉 48 号、陕 3563、川 414、湘棉 10 号、苏棉 1 号等。种植抗病品种是防治棉花枯萎病最经济有效的措施。

5. 药剂防治

可用杀菌剂灌根，方法是 20 g 禾复康兑水 30 kg，将喷雾器喷头处压水片去掉，对作物根部进行浇灌，每株浇灌药液 250 g 即可。

三、棉花黄萎病防治技术

棉花黄萎病是棉花生产中的主要病害之一，被称为"棉花癌症"，是棉花生长发育过程中发生普遍、损失严重的重要病害。该病在世界范围内流行。20 世纪 80 年代末随着我国棉区棉花枯萎病得到有效控制，棉花黄萎病显得尤为突出，其危害越来越重。棉花黄萎病已成为棉花生产中的主要障碍。

可参考棉花枯萎病的防治方法。

1. 保护无病区。
2. 病区轮作。
3. 种植抗病、耐病品种。
4. 进行生物防治。

第五章

植物病原真菌形态观察

引起植物病害的病原物中 70% 以上是真菌,因此,有必要学习和掌握植物病原真菌形态观察方法,为真菌性病害的诊断和防治提供科学依据。

第一节　植物病原真菌一般形态观察和临时玻片制备

一、目的

通过观察认识病原真菌的营养体及其变态,认识真菌的子实体和有性繁殖、无性繁殖产生的各种类型孢子,并熟悉临时玻片制作方法,学习绘图技术。

二、材料与用具

棉花立枯病菌、黄瓜绵腐病菌(菌丝)、镰刀菌(厚垣孢子)、甘薯软腐病菌(假根、孢子囊、接合孢子)、小麦白粉病菌(吸器)、苹果紫纹羽病菌(根状菌索)、小麦菌核性根腐病菌(菌核的切面)、玉米小斑病菌(分生孢子)、小麦腥黑穗病菌(担子、担孢子)等。

显微镜、擦镜纸、吸水纸、挑针、刀片、酒精灯、火柴、载玻片、盖玻片、纱布、乳酚油、二甲苯等。

三、内容与方法

涂、撕、粘、挑和切片等都是临时玻片的制作方法,可依据病原物的类型选择使用。擦净载玻片,在中央滴一滴蒸馏水或乳酚油做浮载剂待用。

(1)涂抹法是常用的方法,细菌和酵母菌的纯培养物常用此种方法制片。先准备好洁净的载玻片,将细菌或酵母菌配制成悬浮液,均匀地涂在载玻片上,在酒精灯火焰上烘干、固定,进行染色处理后再加盖玻片封固,使菌体或鞭毛着色而易于观察。

(2)撕取法:此种方法主要是制临时玻片。用小金属镊子仔细撕下病部表皮或表皮毛即可。

（3）粘贴法：此种方法简便易行。用塑料胶带纸剪成边长 5 mm 大小的小方块，不要把指印留在胶带上，使胶面朝下贴在病部，手指轻按一下后揭下制成玻片。

（4）挑取和刮取法：用挑针从病组织或培养基上挑取表面的病征，如粉状物、霉状物或孢子团制成玻片。

（5）组织透明法：取少量的发病部位组织材料，用刀片切成细丝后放在载玻片上，滴加少量乳酚油后加热至蒸气出现。反复处理多次使组织透明，待冷却后放上盖玻片于显微镜下检查。此法能观察到病原物在寄主内的原有状态。

（6）徒手切片：徒手切片制作时应选取田间发病典型的组织材料，在病征明显部位切取病组织小块（边长 5 mm 以上），放在小木块上，用食指轻轻压住，沿着手指渐渐地后退，用刀片的刀尖位置将压住的病组织小块切成极薄的丝状或片状，用挑针或接种针（沾有浮载剂）直接挑取薄而合适的材料放在一干净载玻片上的浮载剂液滴中央，盖好盖玻片，把多余的浮载剂（如浮载剂过多会造成观察物晃动不稳定）擦去，这样即制成一张临时玻片。

第二节　植物病原真菌的一般形态

一、病原真菌的营养体

真菌营养生长过程所形成的结构统称为真菌的营养体。细小的丝状体是真菌典型的营养体，也叫菌丝，少数为单细胞。菌丝通常是圆管状，多为无色透明，有的有隔膜，有的无隔膜。

观察瓜果腐霉菌、链格孢霉菌和立枯丝核菌的菌丝情况。用挑针挑取在培养基上已经培养好的上述病原菌，用蒸馏做浮载剂，制成临时玻片镜检，观察菌丝有无隔膜、直径有无明显变化、菌丝体颜色有无差别、分隔的间隔距离是否均匀等。

二、病原真菌营养体的变态

病原真菌营养体受环境条件影响可发生变态而形成特殊的结构,这些变态是真菌适应能力的表现,其作用是对不良的环境条件产生一定的抵抗能力,并有利于其传播、吸收和繁殖。主要的变态结构有吸器、菌核、子座、假根、根状菌索、附着孢、附着枝等。

1. 吸器

吸器的形态有很多种,如圆球状、棒状、裂片状、掌状、根状等。小麦白粉病菌是产生吸器的典型病原真菌,观察时可用撕取法制片,观察吸器的形状和其在细胞内的位置,用乳酚油作为浮载剂。

2. 假根

形状为根状分枝,也是由菌丝分化形成的。挑取已经培养好的甘薯软腐病菌平板培养物制片镜检,可观察假根在孢囊梗基部的形态和颜色。

3. 菌核

菌核是比较坚固的颗粒状休眠体,是菌丝体的菌丝纠结而形成的。观察小麦麦角病菌的菌核和油菜菌核病菌的菌核标本,对两种菌核的大小、形状和色泽进行比较,区分不同点。

4. 根状菌索

其形状为绳索状,是很多菌丝体平行生长并纠结而形成的。苹果紫纹羽病菌的根状菌索可在显微镜下直接观察。

5. 子座

是着生真菌子实体的垫状物,由菌丝体或由菌丝体和寄主组织共同组成,无性或有性孢子是在子座上形成的。麦角病菌头状子座的切片可在显微镜下直接观察到,注意其内部结构与菌核有何区别。

6. 附着孢

是真菌孢子萌发形成的结构。主要是孢子产生的芽管或菌丝顶端的膨大部分,附着在寄主体表时非常牢固,其下方可产生侵入钉直接穿透寄主角质层和表层细胞壁。

三、病原真菌的繁殖体——子实体

子实体是指真菌产生孢子的机构。孢子的形态特征是病原真菌在鉴定和分类学上的重要依据。真菌的孢子可分为无性孢子和有性孢子两类。

1. 无性孢子

(1)游动孢子

低等的鞭毛菌亚门真菌在无性繁殖时的繁殖器官是孢子囊。大多数鞭毛菌的无性繁殖器官——孢子囊可释放出具鞭毛、在水中能游动的游动孢子,所以其孢子囊常称为游动孢子囊。在显微镜下观察腐霉菌和疫霉菌的游动孢子囊形态,注意区别孢囊梗与菌丝。

(2)孢囊孢子

接合菌亚门真菌无性繁殖时的繁殖器官是孢囊孢子。镜检根霉菌、毛霉菌的孢子囊、孢囊孢子,注意其形态和特点。

(3)分生孢子

高等的半知菌亚门真菌和子囊菌亚门真菌无性世代繁殖时都可产生分生孢子。分生孢子在形态、大小、色泽等方面表现多样化,从无色至深色、单孢到多孢,并具多种形态。分生孢子在分生孢子梗上产生,分生孢子梗有无色或有色、散生或聚生之分,分子孢子还可以着生在分生孢子座、分生孢子盘或分生孢子器内。

制作临时玻片的方法可用挑、刮或切片的方法,观察下列病原菌分生孢子和分生孢子梗的特点,包括分生孢子颜色、分隔,分生孢子梗的形态、颜色,分生孢子梗是否分枝及分枝的类型、着生位置,等等。

玉米大斑病菌、玉米小斑病菌、花生黑斑病菌、小麦白粉病菌(无性世代)、水稻稻瘟病菌、柑橘青霉病菌、棉花黄萎病菌、马铃薯早疫病菌、马铃薯晚疫病菌。

（4）厚垣孢子

是细胞壁加厚的一种孢子，多指生长的菌丝中个别细胞膨大、细胞壁加厚的厚壁孢子。厚垣孢子抵抗不良环境的能力较强。

挑取已培养好的棉花枯萎病菌或樟疫霉病菌的培养物制成玻片镜检，观察厚垣孢子的形状、颜色和孢子壁的厚度。

2. 有性孢子

由两个有亲和力的性细胞结合后发育形成的真菌有性世代的孢子，称为有性孢子。包括卵孢子、接合孢子、子囊孢子和担孢子。

（1）卵孢子

卵孢子是鞭毛菌亚门真菌产生的，由形态、大小不同的雌、雄性器官交配形成。藏卵器内产生卵孢子，每个藏卵器内可产生一至多个卵孢子，因真菌种类不同其数目各异。

挑取疫霉菌的培养物（连同培养基）制成玻片镜检。

取禾谷类作物，如小麦、大麦、玉米、水稻等的霜霉病菌发病部位做徒手切片。在载玻片上滴一滴乳酚油，在乳酚油中放置挑好的切片几块，在酒精灯火焰上微微加热，使病组织透明，盖好盖玻片，显微镜下检查，观察藏卵器的形态、色泽，以及壁是否光滑、有无饰纹，雄器位置和形态，每个藏卵器内卵孢子的数目、卵孢子形态等。

（2）接合孢子

是接合菌亚门真菌产生的有性孢子，由两个雌、雄配子囊融合而产生，这两个配子囊形状和大小相似。

挑取根霉正、负菌株在 PDA 培养基上培养 7 ~ 10 天后，制成玻片，镜检融合后的培养物，观察接合孢子的形状、色泽、表面的饰纹、配囊柄的形状等。

（3）子囊孢子

子囊菌亚门真菌产生的有性孢子，是一类内生的孢子。在子囊内产生子囊孢子，每个子囊内通常形成 8 个子囊孢子。子囊孢子有多种形状，单胞或多胞，有色或无色。子囊着生在子囊果内,通常呈棍棒状,有的近球状,散生或有序排列。

用已制作好的临时玻片或直接观察永久玻片,镜检小麦赤霉病菌、小麦白粉病菌、桃缩叶病菌、桑里白粉病菌、苹果树腐烂病菌、麦角病菌,观察子囊孢子的形态、子囊的形态和颜色、子囊是否具双层壁及有无固定孔口、子囊果的类型(如闭囊壳、子囊壳、子囊盘或子囊腔)。

(4)担孢子

担子菌亚门真菌产生的有性孢子。担孢子是一类外生的孢子,产生在担子上,每个担子通常形成4个担孢子。

观察小麦腥黑穗病菌冬孢子萌发形成的担子及担孢子的形态。冬孢子萌发要求的温度一般为 15～25 ℃并需要定期的光照,连续培养 3～5 天冬孢子即可萌发。

第六章

植物病理学室内
基础实验

第一节　培养基的配制和灭菌

一、目的

营养元素对微生物生长发育是十分必要的,人工培养的微生物生长发育由培养基的基质提供所需要的营养元素。培养基配制完成后要经过灭菌处理,达到无菌状态后方能用于分离培养微生物,在植物病理学实验室中最基本的实验是培养基的配制和灭菌。

二、内容、材料和方法

实验室所用培养基有几种分类方法,其中常见的是按培养基的组成成分进行分类,分为天然培养基、半组合培养基和组合培养基;从物理性质上分类可分为液体培养基和固体培养基两类。不同种类的培养基,配制方法也有差异,本节实验配制两种培养基,即 PDA 培养基和蛋白胨牛肉膏培养基。

1. PDA 培养基

在植物病理学实验和微生物学实验中,PDA 培养基是最常用的,此种培养基组成成分简单,制作容易,多用于植物病原真菌的分离和培养,也可用于少数的植物病原细菌。

各成分及用量:马铃薯 200 g,葡萄糖或蔗糖 20 g,琼脂 20 g,加水至1 000 mL。

制作方法:将马铃薯表面上的土用水洗净,然后削去表皮,切片或块,加水煮沸 30 min,用双层纱布将薯片或薯块过滤掉,只留下汁液,补足水,加热溶化已加入的琼脂,待琼脂溶化后再加入葡萄糖,待完全溶化后,再次用双层纱布过滤,根据需要选用不同的器皿进行分装,塞好棉塞后进行高压灭菌。

PDA 培养基略带酸性,一般情况下培养真菌不需要调节 pH,但培养细菌则要调节 pH 至中性。

实验中制作 PDA 培养基 1 000 mL,其中一半的量用于分装试管,每管 4 ~

5 mL,塞好棉塞包好后灭菌,然后摆成斜面;另一半的量,分装在 10 个 150 mL 的三角瓶中,每瓶装 50 mL 左右,塞好棉塞包好后灭菌,然后妥善保存,留下一步实验使用。

2. 蛋白胨牛肉膏培养基

植物病理学实验室分离和培养细菌时常用此种培养基。

各成分及用量:蛋白胨 8 ~ 10 g,牛肉浸膏 3 g,蔗糖 10 g,酵母浸膏 1 g,琼脂 18 ~ 20 g,加水至 1 000 mL。

制作方法:先在水中加热溶化琼脂,然后再将其他各成分分别用少量水溶解,依次加入,调节 pH 至 7,用双层纱布过滤杂质,根据需要分装,塞棉塞包好后进行高压灭菌。

注意事项:酵母浸膏和牛肉浸膏黏稠度较大,不方便称重,可用小烧杯装好后再称重,常用玻璃棒蘸取,事先称好小烧杯和玻璃棒的质量,再蘸取酵母浸膏或牛肉浸膏,称重后将玻璃棒和小烧杯上粘着的酵母浸膏或牛肉浸膏洗净。

培养基配好后要调节 pH,一般调节至中性,具体方法如下:配成 1 mol/L 的 NaOH 和 HCl,然后再分别稀释,配成 1/20 mol/L 的 NaOH 和 HCl。取培养基 2 mL,加蒸馏水 7.5 mL,加溴百里酚蓝指示剂 5 滴,这时开始观察培养基的颜色,如培养基的检验样品呈蓝色则用有刻度吸管加入 1/20 mol/L 的 HCl,如培养基的检验样品呈黄色则用有刻度吸管加入 1/20 mol/L 的 NaOH,培养基最后的颜色呈草绿色即调节到中性。调节过程中培养基容易凝固,所以要加蒸馏水稀释。

实验室常用石蕊试纸检测 pH,此种方法十分简便。还可用多孔的白色瓷板,分别在孔中加一定量的培养基和溴百里酚蓝 1 ~ 2 滴(用其他指示剂代替也可以),根据测样颜色反应,在所配的培养液中加入适量 1 mol/L 的 HCl 或 NaOH,然后再取样测定,反复进行多次至所需要的反应。

此外,实验中要制备若干个试管装和三角瓶装的无菌水。

第二节 培养基的灭菌

在病原物分离培养过程中,要得到纯的培养物,所以,配制好的培养基必须灭完菌后才能使用。灭菌与消毒是两个不同的概念,灭菌是指用物理或化学方法彻底杀死器物表面或内部的所有微生物,消毒是指去除某一物体或植物组织表面的某些微生物(这些微生物也常称为杂菌),而不是消灭所有的微生物。

植物病理学实验室灭菌的方法很多,最常用的有高压蒸汽灭菌和干热灭菌两种方法:适用干热灭菌的多是玻璃仪器等,如培养皿、试管和吸管等;适用于高压蒸汽灭菌的多是培养基和实验用的基质(土壤)等。具体灭菌方法和过程如下:

一、干热灭菌法

1. 将玻璃器皿(培养皿、试管和吸管等)洗净干燥后,用牛皮纸或报纸包好,可以装入特制的铁筒中(每个玻璃器皿单独包好后装入铁筒),吸管包装时应将吸取的一端放在取时先拆开的一端,便于取时方便,不直接用手接触以免影响灭菌效果。

2. 将上述包装好的培养皿、试管和吸管等摆入电热烘箱中,烘箱中物品不要放得太满,彼此间留有一定的空隙以便空气流通。

3. 烘箱内物品放好后,关紧箱门,打开排气孔,接上电源。

4. 等烘箱里空气排出后,关上排气孔,继续加热至要求的温度后,固定温度,一般情况下灭菌温度在 165～175 ℃之间,灭菌时间保持 1 h 即可。

5. 待自然降温到 60 ℃以下后,才能开门取出已灭菌的物品,冷却过程非常必要,可避免温度突然下降引起培养皿、试管和吸管等碎裂。

二、高压蒸汽灭菌法

高压蒸汽灭菌法也是植物病理学实验室用得最多的灭菌方法,此方法又称湿热灭菌,它的基本原理是利用高压来提高蒸汽的温度,最终达到灭菌的效果。灭菌后的培养基不要马上用于实验,要抽取些样本放入 25 ℃下培养,48 h 后不见杂菌长出,方可证明培养基已达到灭菌的效果,可以用于实验。

植物病理学实验对培养基的成分和养分的保持要求较严格。有些培养基不适合高压蒸汽灭菌,其营养成分容易分解,对实验的结果会产生影响,此时可采用间歇蒸汽灭菌法,此种方法的步骤为:在高压灭菌器内将培养基放好,然后加热至100 ℃,保持1 h,停止灭菌,第二天继续进行同样的过程,连续进行3次,可达到灭菌的效果,又不会使培养基营养物质分解。

第三节　植物病理徒手制片技术

一、目的

在植物病害研究中观察病原物的形态是主要内容之一,此外还要对病原物进行分类鉴定、研究患病植物组织的结构病变特征、研究患病植物组织与病原物的关系和实验用的病原物的保存等,这都需将患病的目标材料制作成显微玻片标本。所以,植物病理学研究的重要手段之一即为徒手制片技术。本节介绍常用的徒手制片技术,为深入学习普通植物病理学和农业植物病理学以及开展植物病害的一系列有关研究工作打下厚实的制片技术基础。

二、内容、材料和方法

徒手制片的方法有多种,如徒手切片法、整体封藏法、组织透明制片法和涂抹制片法等。本节介绍最常用的两种方法——徒手切片法和整体封藏法。

1. 徒手切片法

要观察受到病原菌侵染的植物组织病变、病原菌侵入和在植物体内扩展过程以及在培养基内生长的真菌子实体的形态结构等,都需将相关组织材料切成薄片,进行显微镜下检查,最简便易行的是徒手切片法,此种方法操作简单,节省时间,不需要特殊的设备,制成的片子可用作临时观察,也可进一步制成永久性玻片标本。

徒手切片的基本用具是常用的剃刀或刀片。切片的第一步是选取材料,然后做适当的修整,以左手的食指和拇指捏住材料,中指顶住材料下端,材料上端要突出于手指以上一段距离,一般为 2 ~ 3 mm。要求右手握住刀,从左向右进行斜向切割。注意材料面与刀口必须垂直,否则得不到正切面。双手要活动自如,不应紧靠身体。切片主要用臂力进行,匀速地沿刀口后部起拉向前方,接连切割 4 ~ 5 片后,沿刀口取下材料,注意用毛笔轻轻蘸水于刀口上,将取下的材料放入盛有水的浅玻璃皿中,操作过程中不要放下左手握着的材料,否则再切时难恢复到拿材料的原位置,此外,在切片过程中,材料要保持湿润,常用毛笔蘸水处理,这样材料不干涸,方便于切割。对于较薄或过于柔软的材料,为了切片更方便,可以夹在"夹持物"中,"夹持物"可为新鲜胡萝卜和马铃薯块。实验室中通常用通草、接骨木或向日葵的茎髓来做"夹持物",剪成适当大小浸于 70% 乙醇中备用。

获得一定数量的材料薄片后,在浅玻璃皿中用移置环选取合用的材料薄片,放在有浮载剂(水)的载玻片上,显微镜下检查合格者,用酒精灯将浮载剂(水)烘干并摆正材料,镜检如无气泡,即可小心加盖玻片,然后加一滴乳酚油或其浮载剂,用吸水纸吸除多余的浮载剂。上述步骤完成后,贴好标签,平整摆放在切片板上,干燥一段时间再封固。

徒手切片也有很多缺点,如对于微小或过大的材料,柔软、多汁的材料,肉质及坚硬的材料不易切取成功,也很难制成较好的厚薄一致的连续切片。目前有条件的可以用切片机进行切片,即可克服这些缺点。

2. 整体封藏法

对于在患病植物表面生长的或在人工培养基上培养的病原菌菌丝体,无性阶段的分生孢子、分生孢子梗和其他有性阶段的孢子器官以及线虫等,可直接进行封藏,具体做法是择取少许病原物在适当的浮载剂中,直接在显微镜下观察。不同材料采用不同的方法封藏制片,常用的方法有四种,即挑、刮、拨、撕。每种方法都要依据材料的特点和观察的目的进行。

(1)挑:对于在植物发病部位生长的病原菌菌丝或培养基表面生长的气生菌丝(多指繁茂的霉状病原体,如霜霉菌,还有粉状病原体,如锈菌和白粉菌,也包括培养基上的许多培养菌),可直接挑取封埋制片。此种方法简便,用尖细的解剖针挑取病原体,挑取的量越少越好,前提是必须选材典型,以免互相重叠,分辨不清。

取大豆霜霉病叶、小麦叶锈病叶时分别挑取霉状物和粉状物,在显微镜下观察病原菌的形态特点。

(2)刮:此种方法用在植物发病部位病原物稀少,甚至用放大镜也很难看出霉层的病害标本,可采用两侧都是刀刃的三角刮针,也可采用刀片,刮取发病部位病原物并制片。具体做法是,用刮针的一刃蘸浮载剂少许,沿同一个方向于病部刮取 2~3 次,将刮得的病原体蘸在盛有浮载剂的载玻片上封片并镜检。浮载剂要尽可能少,但前提是要保证浮载剂的质量,如浮载剂过多,会使少量的病原体发生分散漂流,在显微镜下难以寻找。

取玉米弯孢菌叶斑病叶,在病斑背面刮取病原物并制片,显微镜下观察分生孢子梗和分生孢子的形态。

(3)拨:对于病原体的孢子器官产生在植物表皮下或半埋生于基物内的,如闭囊壳、子囊壳、分生孢子器等,可用此种方法。先把在寄主组织上的病原体(要带有一定的植物组织)拨下,放入浮载剂中,用解剖针两支,一支固定材料,另一支将植物组织中病原体拨出,使病原体外露方便制片。

取小麦全蚀病或白粉病标本,拨病原体的孢子器官(小黑点)制片,显微镜下观察子囊果的形态。

(4)撕:对于病原真菌寄生在植物表皮细胞上的,可用此种方法,将表皮上的病原物撕下来制片,显微镜下检查。这种方法观察到的病原物形态清楚,同时可以观察病原物与寄主互作的组织解剖关系。

取来自于田间发病的小麦白粉病麦苗或在人工接种条件下发病的麦苗,用刀片划破寄主叶背表皮后,用小镊子轻轻撕下,放在盛有浮载剂的载玻片上制片,显微镜下检查白粉病菌分生孢子、孢子梗和吸器的形态。

3. 常用浮载剂及封固剂

(1)水:此种浮载剂是最常用的,缺点是易干燥,不易封固保存,只适合于暂时性的病原物检查。检查中容易形成气泡,要求检查的病原物材料以乙醇、5%明胶、水或稀肥皂水稍浸,洁净水洗净后再以水浮载可除去气泡。

(2)乳酚油:也是较好的浮载剂,比较常用,成分及配比为:

加热熔化的苯酚结晶 20 mL、乳酸 20 mL、甘油 40 mL、蒸馏水 20 mL。

乳酚油本身不易干燥,制得的标本可存放几天或数天,为使标本比较容易识别,常在其中加染料苯胺蓝或锥虫蓝等,用量分别是 0.05% ~ 0.1% 和 0.2% ~0.5%,其性质是酸性染料,可染病原菌的原生质体而不染病原菌的细胞壁,因此对难辨分隔的真菌孢子等用此法染色看得清楚。此法多用于观察病原菌的形态,不适于测量病原菌孢子的大小(因为乳酚油的折射率近似于孢子和菌丝体)。此法制片的缺点是封固比较困难,因为乳酚油本身遇到封固剂容易起化学反应而分解,可用与乳酚油不起化学反应的达玛树脂和等量蜂蜡混配做封固剂[将蜂蜡在水槽上熔化(温度勿过高)放于玻璃器皿中,在铁罐中熔化(温度勿过高)达玛树脂,然后将蜂蜡倒入熔化的达玛树脂中搅和而成],为了增进与玻璃的附着力,要添加一定量的贴金胶水,封固时以“L”形铜棒等在酒精灯上烧热后,蘸少许封固剂在盖玻片周围封固,此种封固剂的优点是干燥快、耐用,经久不坏,但由于其产生有害物质而逐渐被淘汰,改用甘油乳酸液。

　　(3)甘油乳酸液:甘油乳酸液也可加苯胺蓝等染料,其成分为:乳酸500 mL、甘油1 000 mL、蒸馏水500 mL。

　　(4)水合氯醛碘液:成分配比为:水合氯醛 100 g、碘 1.5 g、碘化钾 5 g、水 100 mL。将碘化钾与碘先研磨,然后加水溶解,而后与水合氯醛混合。此浮载剂优点较多,能使病原物组织透明,并染上颜色;能弥补乳酚油的缺点;能看清病原物的细胞壁和其他结构。但此法制片保存时间较短,不宜久放,为了达到保存的目的,可将碘液除去再用乳酚油浮载后封存。

　　(5)甘油:在保存藻类、水霉等柔软标本时适于用此浮载剂。先配好 10% 的甘油,然后将标本放在其(一滴即可)中,加上盖玻片,待水分蒸发后,及时补加甘油直到水分蒸发干净为止,制成的标本玻片(平放)耐用、经久不坏。为了永久保存,可擦去多余的甘油,用其他封固剂封固。

　　(6)甘油明胶:成分及配比为甘油35 mL、明胶5 g、水30 mL。

　　明胶在水中浸透,加热至 35 ℃溶化,加甘油搅拌,用纱布过滤后使用。

　　此种浮载剂用途比较广,如徒手切片及其他标本,都可用此浮载剂制片。过程是标本染色(或不染色)后,先用甘油脱水,如果是干燥标本就不用脱水。挑取甘油明胶(小团)放在载玻片上,稍加热,待其熔化、气泡慢慢消失后,取出标本,将多余的甘油吸除后移入熔化的甘油明胶中,放上盖玻片轻下压,然后再擦去盖玻片周围多余的甘油明胶。放置数天,待干燥后进行长期保存,可用其他封固剂封固后长久保存。

在标本干燥的情况下,此浮载剂易出气泡,可用乙酸甘油先予处理,成分配比为:甘油 120 mL、乙酸钾(2% 水溶液)300 mL、乙醇 180 mL。

将标本放在已准备好的载玻片上,加小滴乙酸甘油,稍加热去除气泡并将大部分油剂蒸去,趁热加入小团甘油明胶,熔化后加盖玻片,后续步骤同上。

第四节　植物病原真菌的分离培养

植物受到病原真菌侵染后,其患病组织内的菌丝体在外界环境条件适宜时,一般都能恢复生长和繁殖。在人工培养的条件下,从患病植物组织中将目标病原真菌分离出来并与其他寄生和腐生的杂菌区别开来,然后在适宜条件下将分离到的病原真菌进行纯化培养,这个过程称为植物病原真菌的分离、纯化和培养。植物病原真菌的分离方法常用的是组织分离法,这一方法简单并易获得目标菌,先是切取病健交界处的小块患病组织,用消毒剂进行表面消毒,用无菌水冲洗几次后移到人工培养基上在恒温下培养。

植物病原真菌的分离、纯化和培养是植物病理学最基础的实验操作技能,在植物病原真菌鉴定、病原真菌形态观察、病原真菌接种物的培养等方面都是常用的研究方法。

一、实验材料

1.分离材料

水稻稻瘟病、玉米大斑病及玉米小斑病新发病的病叶,大豆疫霉病和大豆灰斑病的发病种子,等等。

2.分离用具

酒精灯、医用手术剪刀和眼科手术镊子,PDA 培养基,培养皿,5 mL 和 10 mL小烧杯,500 mL 大烧杯,PDA 斜面培养基,灭菌水,75% 乙醇,0.1% 升汞,火柴和湿、干纱布,等等。

二、实验方法及步骤

1. 分离前的准备工作

(1) 工作环境的清洁和消毒

植物病理学实验室设有无菌室、无菌箱或超净工作台等,植物病原真菌分离培养均要在这样相对无菌的环境下进行。无菌室、无菌箱或超净工作台在使用前要经过喷雾除尘,然后用75%乙醇和紫外灯消毒(如用紫外线灯照射需20~30 min)。在没有上述相对无菌的环境条件时,在洁净的房间里进行也可以取得较好的分离结果,要把门窗关上,避免空气流动,用喷雾器喷雾除去空气及地面灰尘,然后进行实验操作。分离前桌面要擦净,在上面铺上干净的湿纱布。将实验需用的物品全部放在工作台面上,避免工作时多次走动,实验人员要戴上口罩和穿白色工作服(灭菌后的),并用肥皂洗手,用75%乙醇擦手。

(2) 分离用具的消毒

分离植物病原真菌时和分离材料接触的刀、剪、镊、针等器皿都要随时消毒灭菌,或至少在使用时保持无菌。具体做法是将这些器皿浸于75%乙醇中,使用时在酒精灯火焰上灼烧灭菌,如此重复2~3次,注意刀、剪、镊等易退火,不宜在酒精灯火焰上灼烧过长时间。再次使用时必须重复灭菌。培养皿等器皿要经过干热灭菌。实验过程中需要的蒸馏水都要事先高压蒸汽灭菌,以备配制培养基及洗涤或稀释用。

(3) 分离材料的选择

因为被病原菌侵染的植物坏死部分的内部或表面,都可能滋生腐生微生物,所以在实际分离工作中,要选取新近发病的组织、器官为分离材料。

2. 不同发病部位病原菌的分离

(1) 叶斑类和枝干病斑类(非维管束侵染)病原菌的分离

要求选择症状典型的样本进行,叶斑类要选取新鲜病叶作为分离材料,按下述步骤操作:

①培养基制作。将PDA培养基加热熔化,在无菌操作环境下将熔化过的培

养基倒入灭过菌的培养皿中,每皿放 10 ~ 12 mL,可形成厚 2 mm 左右的平板培养基。倒入培养皿前在每三角瓶内加入 6% 乳酸 5 滴,以防止细菌污染。

②分离材料的病叶或病枝先用自来水冲洗,剪下一定大小的病健交界处的组织部位(若为枝干,则将带有病斑的皮层剥下)。

③取经乙醇消毒的 10 mL 小烧杯,将分离材料放入,倒入适量的 0.1% 升汞液做表面消毒处理,一般不超过 1 min,或用 1% 漂白粉消毒处理。

④消毒后消毒液倒出,随后用无菌水冲洗 3 遍,第 3 遍的无菌水不要倒掉。

⑤用灭菌的镊子,将分离材料剪成 2 ~ 3 mm 大小的方块,每块组织均应为病健交界处的组织。用灭菌镊子夹取剪好的材料,放入事先准备好的平板培养基上,轻轻按压。每培养皿放置 4 ~ 5 块,均匀摆放好。

⑥在培养皿上标注如下内容:分离材料编号、分离日期、分离者姓名,将培养皿翻转放置于 25 ℃ 恒温培养箱。

⑦4 ~ 5 天后挑选从分离材料上长出的典型目标菌落(无杂菌污染的),然后在生长的菌落边缘用接种针挑取带有培养基的菌丝一小块,置于斜面培养基上,于 25 ℃ 恒温培养箱中培养一定时间。

(2)种子内病原菌的分离

将带有病症的整粒种子或其一部分在自来水下进行冲洗,再用升汞或漂白粉进行表面消毒,然后用无菌水洗涤 2 ~ 3 遍后移到事先准备好的平板培养基上培养,或者直接放在培养皿里于 25 ℃ 恒温培养箱中保湿培养。

(3)为害输导组织病原菌的分离(以植物的枯萎病为代表)

先将用作分离材料的茎做表面消毒,然后将表皮用灭菌刀剥去,剪取其中变色的维管束组织一小块,再用消毒剂进行表面消毒处理,移于平板培养基上培养。

(4)分离病原菌的纯化

通过上述分离方法获得的分离物,必须经过纯化过程,才能在一定的温度下继续进行培养。常用的纯化方法有连续稀释法和单孢子分离法,前者简便易行,是经常使用的病原物纯化方法。

连续稀释法:对真菌菌种来说,就是从典型目标菌落边缘切取一小块菌丝(带培养基)接种于另一平板培养基上,待菌落长至一定大小后,再依此法进行。

如此反复数次,直至形成典型菌落形态,在无菌条件下将其移入斜面培养基中培养保存。

第五节 真菌孢子的萌发与环境条件

进行病原真菌孢子萌发实验的目的是进一步了解病原真菌存活期的长短、生活力的强弱、有效传播距离、对农药的敏感性、生活史过程、病害发生与环境的关系以及一些病原真菌的种类鉴定等。病原真菌孢子能否萌发、萌发的方式及萌发的质与量等,一个影响因素来自于病原真菌自身,另一个影响因素来自于外界环境条件,所以做好病原真菌孢子的萌发实验,必须掌握好萌发实验所需的各种条件。本节主要学习和掌握孢子萌发实验的常用方法,并通过实验进一步了解不同孢子萌发所需要的条件。

一、常用方法

孢子萌发实验有很多方法,但有些真菌的孢子萌发需用特殊的方法进行,下面介绍孢子萌发实验常用的方法。

1. 悬滴法

(1)材料

玉米大斑病菌斜面菌种。

(2)方法

把玉米大斑病菌孢子悬浮液滴一滴在洁净的盖玻片中央,滴后呈适当大小的圆形,孢子悬浮液浓度为在低倍显微镜下每个视野约 20 个孢子。然后翻转盖玻片一次制成悬滴,在特制的玻璃环内进行封闭,再将玻璃环放在培养皿中(皿底部盛少许水),盖好培养皿盖,放置在 28 ℃恒温培养箱中培养,5 h 后检查萌发结果。

还可以用另外一种方法,即直接在培养皿盖的里面做悬滴进行。先用玻璃笔于培养皿盖里面划方格,把孢子悬浮液滴在方格中央,然后慢慢转培养皿盖直到盖在装有少量蒸馏水的培养皿上,在一定温度下保湿培养,此法的优点是简单易行,对大量孢子萌发测定很适用。

2. 液滴法

(1) 材料

小麦根腐病菌斜面菌种。

(2) 方法

在培养皿内放两种类型玻璃棒("井"字形或"U"形)均可,培养皿底加少许蒸馏水保湿或加几个吸水脱脂棉球保湿,将载玻片放在玻璃棒上,小麦根腐病菌孢子悬浮液 2 或 3 滴滴在其上,孢子悬浮液浓度为在低倍显微镜下每个视野 20 个孢子左右。盖好培养皿盖,置于 28 ℃恒温培养箱中培养,5 h 后,镜检孢子萌发结果。

此法也可以进一步扩展为将已经配好的孢子悬浮液放入培养皿中进行萌发,每一个培养皿中加 10 mL 左右,不宜过多,然后直接镜检孢子萌发结果,此法一次可测定大量孢子的萌发。

3. 琼脂培养基法

有些病原真菌不宜直接在水滴中萌发,可采用此种方法。

(1) 材料

新采集的小麦秆锈病病叶(带有夏孢子堆)或小麦白粉病病叶(带有粉状物)。

(2) 方法

将洁净的载玻片在 2% 水琼脂培养基(熔化并冷至 50 ℃左右)中蘸一下,待凝成薄层后,去除一面琼脂培养基,将另一面带有琼脂培养基的朝上,平放在培养皿的玻璃棒上,再将小麦秆锈病菌夏孢子或小麦白粉病菌分生孢子轻轻弹落在琼脂培养基上或涂抹在其上。保温保湿培养,夏孢子培养温度要求较低,一般在 20 ℃左右,分生孢子培养温度要求更低,在 10 ~ 12 ℃,24 h 后镜检孢子萌发结果。

此法也可以改进为直接在水琼脂平板上进行。

4. 载玻片引湿法

某些不适于直接在水滴中萌发的真菌可用此种方法。

(1)材料

玉米瘤黑粉病菌的黑粉孢子。

(2)方法

将一"V"形或"U"形玻璃棒放在培养皿中,将载玻片放在上面,再取一个宽 1 cm、长 4 cm 的滤纸条放在培养皿内。灭菌后将少许灭菌水加入皿底,将滤纸条在载玻片上绷紧并横放,两端拖入水中,吸滴水,将一滴玉米瘤黑粉病菌孢子悬浮液滴在纸上,盖上培养皿盖,在 25 ℃恒温培养箱中培养,每天检查并记载萌发结果。

二、孢子萌发的记载方法

真菌的孢子萌发需要足够的水分,通过吸水膨胀,然后长出芽管。孢子萌发标准通常规定为芽管长度超过孢子直径一半,记载萌发的方法有以下几种。

1. 萌发率

萌发率指孢子萌发一定时间后,随机取一定数量的孢子(一般不少于 500 个),检查萌发的孢子数,计算出萌发的百分率。进行两种或几种不同处理时也用该法记录,要注意严格掌握检查时间。

2. 萌发时间

即测定孢子萌发达到一定萌发率所需时间。

3. 芽管平均长度

指已萌发的孢子芽管平均长度。测定一定数目已萌发孢子的芽管长度,计算其平均值。此外,有些萌发实验要求记载芽管的形状变化以及是否有分枝等,如进行药效测定实验时要求这样记载。

三、环境条件

1. 温度对孢子萌发的影响

温度影响孢子能否萌发及萌发的快慢、萌发率的高低、芽管的生长甚至萌发的方式。通常采用培养皿玻片法：在培养皿中放入吸水纸，加水使湿润并略有水膜，上加弯玻璃棒两根，放入双凹玻片，在培养皿盖上注明标记。取柑橘炭疽病菌菌种，加入 0.2% 马铃薯液，用移菌环轻擦菌种表面移下孢子并配成孢子悬浮液，取一滴于显微镜下检查，要求在低倍视野中有 20 ~ 30 个孢子。将制备好的孢子悬浮液用吸管取出滴在双凹玻片上，每端各一滴，分别放入 5 ℃、10 ℃、15 ℃、20 ℃、25 ℃、30 ℃、35 ℃、40 ℃下 12 h 后镜检，求出萌发率。孢子萌发的标准是芽管长度超过孢子本身直径的一半，萌发率计算公式：

$$萌发率(\%) = (孢子萌发数/孢子总数) \times 100$$

2. 湿度对孢子萌发的影响

在硫酸干燥器中分别加入不同浓度的硫酸溶液，以控制干燥器内的相对湿度。实验是在 25 ℃下进行的，配成相对湿度 50%、75%、90% 及 100%（干燥器内仅加水）。用玻璃棒蘸少许柑橘炭疽病菌孢子悬浮液或马铃薯晚疫病菌孢子囊悬浮液涂在洁净的载玻片上立即晾干，分别放在相对湿度不同的 4 个干燥器内，经过 24 h 后镜检。

3. 酸碱度对孢子萌发的影响

（1）预先配制不同 pH 值的灭菌水溶液，pH 值分别为 3、4、5、6、7、8、9、10。

（2）将柑橘炭疽病菌菌悬液与不同 pH 值的水等量混合。

（3）将此孢子悬浮液滴在双凹玻片的两端。

（4）玻片置于培养皿（皿内有保湿的滤纸）内的弯玻璃棒上，写好标签，加盖后置于 25 ℃恒温培养箱中，12 h 后镜检，加入孢子做萌发实验。

4. 营养物质对孢子萌发的影响

将蒸馏水注入柑橘炭疽病菌斜面上，制成孢子悬浮液，倒在几个离心管中，离心 3～5 min(2 000 r/min),吸去上清液后,再用蒸馏水冲洗离心管 1～2 次。再次离心,吸去上清液,最后分别注入 0.2% 橘子汁液、0.2% 葡萄糖液、0.2% 蔗糖液、0.2% 乳糖液以及 0.2% 马铃薯液(以上各液均事先调节 pH 值)。注意:需留一管不加营养液只加蒸馏水作为对照。将配好的孢子悬浮液分别滴在双凹玻片上,放入培养皿中置于 25 ℃ 恒温培养箱中,12 h 后镜检。

第六节　植物病原细菌的分离、纯化及鉴定

植物病原细菌的分离、纯化、鉴定是植物病理学实验最基本的操作技术之一。

一、材料与用具

1. 实验材料

新发病的植物组织。

2. 培养基准备(LB 培养基)

胰蛋白胨 1%,氯化钠 1%,酵母浸粉 0.5%,pH = 7.0～7.2,121 ℃ 灭菌 20 min,备用。

3. 实验用具

载玻片、盖玻片、酒精灯,手术剪,镊子,培养皿,斜面培养基,灭菌水,1% 次氯酸钠,打火机。

二、实验方法及步骤

1. 植物样品的采集

选取发病初期植株,样本尽量保持完整,至少包含病健交界处;将样品放入纸袋保存并做好记录;需要分离的标本应尽快(1～5 天)完成分离工作,长期保

存需压干,未压干的标本勿装入塑料袋。

2.发病组织的显微检查

准备好洁净的载玻片、盖玻片和水。取小的整块标本,清洗干净,吸水纸吸干。切取大小约 2 mm×4 mm 病健交界处的组织,从其组织上切取小片平放在载玻片上,要求切取得尽可能薄;加一滴水并盖好盖玻片,盖玻片要斜放轻压以防止产生气泡。先用 4 倍或 10 倍的低倍镜检查,看到半透明、白色、雾状的喷菌现象;换用 40 倍物镜观察,看到透明、杆状、活动的菌体,可证明的确为细菌性病害。

3.病原物的分离和培养

选取镜检有喷菌现象的组织进行划线分离:所取组织用自来水洗净,吸干,然后进入超净工作台操作。将植物组织剪成 1 mm×4 mm 的大小,将 1% 的组织碎块在水中浸泡 5~15 min,使细菌能够释放到灭菌水中;取 1~3 环的病汁液,在 LB 平板上划线。28 ℃ 恒温培养箱中培养,每天观察菌落生长情况并记录菌落长出的时间及菌落大小、颜色、形态。消毒液为次氯酸钠,消毒时间为 2~10 min,灭菌水洗 2~3 次;将组织剪碎(从病斑处)放入 0.5~1 mL 水中,在水中浸泡组织碎块 5~15 min,让细菌充分释放到灭菌水中。取病汁液 1~3 环,在 LB 平板上划线。28 ℃ 培养,每天观察菌落生长情况并记录菌落长出的时间。

4.病原物的纯化和保存

过 3~4 天后选取菌落,选取生长量较多且形态一致的菌落,在 LB 平板上划线并纯化。若仍然有杂菌,则需反复多次纯化。采用三线法划菌。在斜面上放置挑取纯化后的单菌落,每菌移 5~10 管。24 h 后再次转移菌体,并且在斜面上保存该病原菌。

5.病原物的鉴定

(1)传统方法

常规培养的细菌菌落形态学观察,是在其适合的培养基上观察菌落的生长状况:在固体培养基上菌落的生长形态、颜色和大小是否均匀一致,个体菌落表面及周边的生长状况;在液体培养基上的沉淀状况、混浊状况、液面菌膜状况;在半固体培养基上穿刺接种后细菌生长情况,是否沿着接种线生长以及其呈毛刷样生长还是均匀生长,上下生长是否一致。

在显微镜下进行细菌的个体形态观察、着色后观察,染色方法要根据预先确定的观察项目选择相对应的,目前常用的染色方法包括革兰氏染色法、鞭毛染色法、美蓝染色法等。

(2)分子生物学鉴定

分子生物学鉴定目前应用最多的是核酸检测技术,包括基因测序、基因探针技术、指纹图谱技术、聚合酶链式反应(PCR)、GC 含量测定等。

一般性的实验主要利用试剂盒提取细菌基因组,用通用引物将细菌 16S rDNA 序列扩增出来,长度 1.5 kD 左右。

将 PCR 产物送测序公司进行测序,然后将序列送至基因库中进行比对,同源性最高,且至少达到 97% 以上的可认为是同一种。将序列下载后用比对软件进行生物进化分析,也可以看到菌种间的亲缘关系。

第七节　病原物侵染来源及传播方式观察

一、基本原理

植物病原物监测分初侵染源的监测、发生期病原物的监测和再侵染源的监测等,服务于病害的预测预报和防治。病原物的监测总体包括如下几个方面。

1. 初侵染源的分析

初侵染源往往根据病害循环的特点及病原物特性进行分析。包括种子、苗木、病残体、病植株、带菌土壤和带菌介体等。

2. 最初感染量的分析

许多病原物的最初感染量是影响发病迟早和严重与否的关键。如小麦条锈病和白粉病的发病中心多,秋季出现早,在条件适宜的情况下该病害会严重发生。

3. 发生期病原物的监测

发生期病原物的监测除了监测病株、病残体、病土外,还应监测此时病原物产孢量、孢子传播情况和病原物的致病性分化。病斑产孢量的测定:通常采用套管法,即将产孢叶片插入开口朝上的大试管中或两头开口的"厂型管"中。调查前将叶片上的孢子抖落在管中,或用0.3%的吐温水洗下孢子,离心后,用血球计数板检查孢子的数量。空中孢子量的测定:对于气传病害的病原物监测往往采用空中孢子量和叶面着落孢子量的监测方法。空中孢子量监测的方法很多,包括玻片法、培养皿法、旋转玻璃棒孢子捕捉器、车载孢子捕捉器等。最常用和最简单的是玻片法,即将凡士林涂在玻片上,平放在作物冠层内的不同高度,定时更换玻片,检查孢子数。

病原物致病性分化:鉴别寄主法可以用在对致病性分化的研究上,病原物会出现致病性的差异。

4. 病毒传染介体的检测

许多植物病毒病是由传毒介体传染的,在发生期统计传毒介体的数量可以为病害的预测提供依据。

植物病原物的初侵染源数量和传播方式是影响病害发生严重程度及病害在植物群体中发展的主要因子。不同病害的病原物初侵染源和传播方式不同。

二、材料

小麦种子若干,带有甘薯黑斑病的薯块,玉米小斑病或大斑病病叶,未腐熟的含有玉米小斑病病叶的肥料,菜园土,黄瓜,等等。

三、实验操作

1.病原物初侵染源的观察

(1)种子苗木和其他繁殖材料

①种子带菌。称取 40 g 小麦种子,放于 500 mL 的三角瓶中,加入蒸馏水 60 mL,加塞子剧烈摇动 30 次,立即将洗涤液倒入离心管中,3 000 r/min 离心 5 min,弃上清液,留沉淀,用移菌环蘸取沉淀液在显微镜下镜检,观察沉淀内有无小麦腥黑穗病或其他黑穗病菌孢子。称取 20 g 棉花种子,放于小烧杯中,用蒸馏水 30 mL 清洗,取上清,涂于 PDA 培养基上,25 ℃下培养 1 ~ 2 周。观察是否含有棉花黄萎病菌。

②种薯带菌。取带有黑斑病菌的甘薯薯块,对光观察黑斑上有无刺毛状物,挑取刺毛状物镜检,观察黑斑病菌的子囊壳、子囊孢子、厚壁孢子,注意甘薯黑斑病菌的越冬方式和场所。

(2)病残体带菌

从收集到的带有玉米小斑病病斑的玉米残叶中选取数片,用清水洗去表面的泥土,放在消毒的培养皿中,25 ℃培养箱中保湿培养 1 ~ 2 天后镜检,观察病斑上有无分生孢子产生。

(3)肥料带菌

从未腐熟的堆肥中,收集带有玉米小斑病菌或大斑病菌的玉米叶片数片,洗净粪肥和其他杂物,剪取有病斑的叶段在 25 ℃下保湿培养 1 ~ 2 天后,洗孢子并制成悬浮液,用喷雾法接种玉米幼苗,保湿 1 天后,温室培养 1 周,观察玉米是否发病。

(4)土壤带菌

用大培养皿装上菜园土,加少量水,湿润土壤,上插一段 3 ~ 5 cm 的黄瓜段,置 25 ℃下培养 2 ~ 3 天,观察黄瓜的变化,显微镜下检查黄瓜上的白色毛状物是什么,思考该病原菌在土壤中存活的方式。

2. 病原物传播方式的观察

在 7 月中、下旬玉米小斑病发生期,在屋顶或田块放置涂有甘油明胶的玻片 3 片,24 h 后取回,镜检有无玉米小斑病菌的分生孢子。

第七章

植物病理学田间基础实验

第一节　植物病害调查

一、植物病害的调查方法

植物病害调查是植物病理学研究的一项基本工作,可以为植物病害分布、危害及发生发展规律提供基本信息。在开展调查前应有充分的准备,调查后对掌握的资料和数据要及时整理分析。许多问题不是通过一次调查就能得出结论的。在病害调查中由于一些过程和环节上的失误,往往会发生如下一些情况:没有或缺乏代表性,调查的地点选择不当,调查结果不能反映当地的真实情况;资料不完全,调查准备工作不充分,无明确要收集的资料,造成部分资料缺失;多人调查记载,病害发生情况的标准不规范,造成记载不一致,导致各方面的资料不能分析和比较;损失估计误差,一是因为估计没有根据,二是因为带有主观片面性。

1. 植物病害调查的内容

根据调查的目的确定调查的内容,根据调查的内容确定采用的调查方式。一般情况下调查的内容包括:病害的种类、分布,病情的发生发展,农事操作与病害的关系以及其他特殊问题的调查。

2. 植物病害的调查方式

植物病害的种类繁多,田间情况千变万化,病害发生和危害的情况不同,一种病原菌侵染不同寄主植物时发病情况也不一定完全相同。根据病害的种类、性质和需要解决的问题,可以采取多种调查方式。调查的方式一般包括实地考察、访问、开座谈会和收集当地有关资料等。

3. 植物病害调查的时期与次数

在病害的实际调查中,要根据调查的目的和病害的发病特点确定调查的时期与次数。

4. 取样方法

在一个区域内调查病害,选择取样方法是调查的关键。如果选择不当,调查结果就不具有代表性,反映不出田间的实际病害发生情况。

5. 记载方法

对一般性调查,在病害发生盛期进行,因调查面积较大,又称为普查。此种调查要求内容比较广泛,记载的项目也比较多。每一项目的记载并不要求很精确,可以设计一种通用调查表。调查表应该包括调查日期、作物名称、作物品种、种子来源、病害名称、发病率与田间分布情况、土壤性质与肥力情况、施肥情况、土壤湿度、当地降雨情况(特别是发病前和发病盛期情况)、当地群众对病害的认识和防治经验等项目。

对发病程度的记载。发病程度包括发病率和严重度,发病率以百分比来计,严重度是指田块植株或器官的受害程度,常用的记载方法如下:

(1) 直接计数法

这是使用最广泛也是比较简便的方法,是调查发病部位占所有调查数量的百分比,也称发病率。如调查 1 000 株小麦,其中黑穗病 250 株,则发病率为 25%。

(2) 分级计数法

病害发生的程度不同,对植物的影响也不同。为区分不同程度的发病情况,就需要用分级计数法来记载。分级计数法的分级标准要明确具体,并能符合实际情况,使不同人的调查结果可以互相比较,在不同地点调查的结果可以汇总。分级标准可以用文字说明,也可以用图、照片来表示,主要根据病害的性质,可以按叶片、果实、植株、田块进行分级,也可根据病斑的多少、病斑的面积、花叶的轻重等进行分级。

①分级标准用文字叙述。例如,黄瓜霜霉病的分级标准是在叶片上随机取 9 cm^2 的面积,计算其中的病斑数目、斑点部分大小,明显的联合病斑应有分级计算,9 cm^2 的面积可用铅丝框或级片框算出。

②分级标准用图或照片表示。最经典的用图或照片制成的分级标准是麦类锈病的记载方法,常用来估计叶片上的孢子堆的数目,根据孢子堆占叶面积

的面积多少,将发病率分为 13 级。

③分级标准的制作法。无论使用哪一种记载标准,都应使标准最大限度地接近自然发病情况,最好是在田间采集发病轻重不同的标本,选出每一级的代表,然后制成标准。有时可用几个标本代表一个级别。

④病情指数。对于采用百分率表示的分级记载,比较容易计算其平均百分率。而对于不适用百分率表示的分级记载,往往用病情指数表示其发病程度。有的病害分级标准是用百分率表示的,可分别统计病害的发病率和严重度,然后根据发病率和严重度来计算病情指数。

发病率在条、叶锈病中用病叶数占总调查叶数的百分率(病叶率)表示;在秆锈病中用总调查秆数的百分率(病秆率)表示。严重度是指病叶或病秆上孢子堆数量的多少,即受害植株病情的严重程度。在条、叶锈病中用孢子堆占叶面积的百分率表示;在秆锈病中用茎秆上部两节中孢子堆占茎秆面积的百分率表示。小麦锈病调查分级标准中严重度分为 13 级,即 0%、1%、5%、10%、20%、30%、40%、50%、60%、70%、80%、90%、100%。

二、小麦病害田间调查

1. 目的要求

小麦是我国的重要粮食作物,发生的病害种类比较多。通过田间调查,可对小麦常见病害的症状有基本的认识,系统了解当地小麦病害的发生情况、主要病害种类和危害程度。对常发生的小麦赤霉病、小麦锈病等重要病害,通过生产田实际的调查,可了解和掌握病害的发生、发展、分布和危害,了解病害发生与品种布局、气象条件、栽培措施、土壤状况等因素的关系。

2. 调查时期

小麦乳熟期前或乳熟期,选合适的时间进行。

3. 调查用具

尺、计数器、放大镜、记录本、笔及采集标本用的塑料标本袋和标本夹等。

4. 调查内容和方法

调查分为一般调查和重点调查。对小麦病害田间发生种类做一般调查,对小麦锈病、小麦赤霉病等危害较重的病害做重点调查。

(1)一般调查

调查本年度本地区小麦田间病害发生的种类、发病率。其方法是:选择有代表性的麦田 5 至 10 块,具体要考虑品种类型、土壤肥力、地形地势、生育状况等。每块麦田以"Z"字形取样。在田边步道上边走边观察并记录病害发生的种类。在行走的路线上取 10 个点,每点取 20 株。全面调查叶片、叶鞘、茎部、穗上的发病情况,必要时将植株拔起检查根部。记载病害种类、发病率和严重度,计算病株率、病叶率或病穗率,并采集所需病害的标本,整理好带回实验室鉴定。

(2)**重点调查**

①小麦锈病的调查。重点调查不同小麦品种与小麦叶锈病、条锈病和秆锈病发生的关系。在小麦品种种植圃至少要调查 10 个品种,每个品种 5 点取样,每点 20 株。记载病叶率、茎秆发病率和每叶或每秆的严重度,计算出平均严重度。

严重度用分级法表示。为了记载标准能够统一,秆锈病拟记载植株上部两节发病最严重的一面中最严重的一段,条锈病和叶锈病拟记载植株上部第二叶(条锈病轻时可选第三叶)发病最严重的一段,然后通过病情指数公式计算出叶片和茎秆发病的平均严重度。

②小麦赤霉病(穗腐)的调查。重点调查不同小麦品种与地形地势、土壤肥力、气象条件的发病关系。其方法是:在小麦品种种植圃至少要调查 10 个品种,每个品种 5 点取样,每点随机调查 40 穗。记载病穗率,并按相应公式记载发病严重度、病情级别,并计算病情指数。

小麦赤霉病发生严重度分级标准:

0 级:调查的植株上无病。

1 级:调查的植株上病小穗数占全部小穗数的 1/4 以下。

2 级:调查的植株上病小穗数占全部小穗数的 1/4 ~ 1/2。

3 级:调查的植株上病小穗数占全部小穗数的 1/2 ~ 3/4。

4 级:调查的植株上病小穗数占全部小穗数的 3/4 以上。

第二节 植物病害的损失估计

植物病害造成的经济损失是多方面的,有直接的损失和间接的损失、当时的损失和后继的损失等不同形式,不可能将病害造成的损失全部搞清楚。通常损失是指产量的减少和品质的降低。损失估计是指通过调查或实验,实地测定或估计出某种病害造成的损失。

一、目的要求

在学习并掌握病害调查基本方法的基础上,进一步学习病害调查的类型、病害损失的估计方法与基本要求。

二、基本原理

植物病害田间调查分一般调查、重点调查和调查研究三种。根据不同的需要选用不同的调查方法。要了解某一省份或地区作物病害发生情况时,采用一般调查。针对某一作物的某一病害进行的调查,需要全面了解其发生危害、分布面积、发病率、损失情况、环境因素影响和防治效果时,采用重点调查。为探讨具体病害的某一个问题所进行的调查为调查研究,目的是解决具体问题。通常采用发病率和病情指数表示病害的发病程度。病害调查时,取样方法是调查是否能反映实际情况的关键,主要涉及取样地点、取样数量、样本类别和取样时间。这些因素随病害的不同而存在差异。

病害的直接危害是造成产量的损失,产量损失估计的方法有多种类型,但大体分为单株试验、小区试验和大面积试验三种研究方法。

三、仪器与用具

1. 仪器:天平。
2. 用具:表、笔、尺等。

四、实验操作

1. 选用单株法进行马铃薯卷叶病损失的估计

（1）健康植株与发病植株的选择。在大田内随机选健康植株和发病植株，分别插牌做标记。注意：健康植株和发病植株数量均不能少于 100 株。

（2）调查产量与病害发生的关系。在作物生长期间对选中植株的病害进行系统调查，了解病害田间发生的严重度，在收获期针对选中的植株按单株分别收获薯块，分别称重；比较健康植株和各级发病植株产量的差异，从而计算出产量的损失。选定植株后，按原先的方法统一管理。产量测定时应将各个处理分别统计，再求平均值。

2. 选用小区实验法进行损失的估计

（1）接种的方法。如对大豆灰斑病用接种的方法进行产量损失估计，在田间设置小区，设 5 个处理、3 次重复，采用中等感病品种，人工接种大豆灰斑病菌孢子液，使之形成不同的发病级别。收获后对每一发病级别的小区进行测产，计算出不同发病级别的产量损失。

（2）防治的方法。如对大豆灰斑病用防治的方法进行产量损失估计，在发病重地区的田间设置小区，设 5 个处理、3 次重复，采用感病品种，在发病不同时期进行药剂防治，使之形成不同的发病级别。收获后对每一发病级别的小区进行测产，计算出不同发病级别的产量损失。

3. 选用大面积实验法进行损失的估计

选择同一品种发病的轻病地块和重病地块进行大区的实地测产比较。一般要求面积在 666.7 m² 以上。

第三节　植物病害症状观察

一、侵染性植物病害症状观察

　　植物病害的症状表现是从微观到宏观的过程,是指植物得病后由于不正常的生理活动过程而发生在细胞和组织上的病理变化,最后表现为肉眼可直接看到的形态变化。根据病害的性质不同,有些症状的观察可利用嗅觉、味觉或触觉进行。有的症状则是单个细胞所表现出来的,在此类症状中,最常见的是在感染某种病毒的植株中见到包涵体。

　　植物病害的症状特征从性质上可分为两大类:病状和病征。

　　病状是外部表现,指的是寄主植物和病原物在外界环境条件的影响下相互作用的结果,是以各自的生理机能或特性为基础的,而每种生物自身的生理机能,都存在着相对稳定的特异性,这种相互作用的产物是病变,一般说其发展过程是定向的。植物发生病害时,病状作为病变过程的表现,其特征也是有特异性的并且是比较稳定的。这就是诊断植物病害时要用病状做基础的依据。

　　病征是植物得病后病原物方面的具体表现,是指引致植物发病的病原微生物的群体或器官着生在植物表面的结构,它更直观地体现了病原物在质上的特点。如在寄主表面的真菌子实体形成的霉层、黑点等。还有些植物病害没有病征的表现,如植物病毒、许多病原细菌引致的病害,此外还有非侵染性植物病害等也看不到病征的表现。对植物的发病部位病征出现与否和出现的程度,影响很大的因素是环境条件,病征一经表现出来就是相当稳定的特征,所以正确判断植物病害,病征是主要的依据。

　　植物的任何病害,其症状表现都具有独特性,一般情况下在病害发生发展过程中是按一定顺序表现出来的。植物病理学家在田间诊断植物病害症状时会考虑这种顺序。

　　病状和病征是完全不同的概念,尤其是前者,作为诊断病害的依据也有其局限性。第一,在田间植物的许多病害病状常有相似的表现,因此要考虑各方面的特点去综合判断;第二,田间植物发病后,常因作物品种的更替或受害器官的不同,病状有一定范围的变化;第三,田间植物病害的发生发展是一个消长变化过程,有初期、盛期和后期,病状也随之而发展变化;第四,自然环境条件对病状和病征都有一定的影响,加之病害发生后期病部常常会长出一些腐生菌的繁殖器官。所以,植物病害的症状稳定性和特异性是相对的,必须认识症状的特异性和发展变化规律。在田间观察植物病害时,要认真地在症状的初期到盛期这一发展变化过程中研究和掌握症状的特殊性,采集植物病害标本时,也要仔细地辨别病征的细微变化、看似相同实则不同的特征,这样才能正确地诊断病害。

1. 目的要求

认识病害对植物造成的危害,了解植物病害的种类及其多样性,初步掌握植物主要病害种类的症状表现及其特点,学会植物病害症状的描述方法。

2. 材料与用具

依据植物病害的病状表现类型(变色、坏死、斑点、腐烂、畸形)和病征出现类型(粉状物、霉状物、点状物、菌核、溢脓等)准备植物病害标本,包括盒装、瓶装浸渍及新鲜标本。根据当地病害发生特点,准备不同类型的病状和病征标本。

准备解剖镜、载玻片、盖玻片、手持放大镜、刀片等。

3. 操作过程

(1)病状的观察

①斑点。观察玉米大斑病、玉米小斑病、小麦锈病、小麦白粉病、小麦根腐病、大麦条纹病、大葱或大蒜紫斑病、马铃薯晚疫病、番茄早疫病、十字花科霜霉病等标本,注意辨别不同种类病害病状表现的特点,如病斑的大小、形状、颜色等方面的异同,还要仔细观察病斑上是否有轮纹、花纹的伴生,同时要特别注意观察不同类型病斑上有无病征的产生、各种病征的特点。斑点类病害在叶、茎、果等部位都可以发生,发病组织局部坏死,一般边缘很明显,斑点中有时还有轮纹、花纹等特点。病斑依据形状和颜色等特点又分为大斑、小斑、胡麻斑、角斑、条斑、褐斑、黑斑、紫斑、轮纹斑、网斑等多种类型。

②腐烂。观察马铃薯晚疫病、马铃薯环腐病、甘薯黑斑病和干腐病、棉花苗期立枯病、柑橘溃疡病等病害标本,认识腐烂类型病害对植物所造成的严重危害,同时掌握腐烂类型病害的病状特点。其病状可发生在植物的各个部位。由于组织受病原菌侵染后分解的程度不同,有软腐、干腐等;根据腐烂发生的部位,又有根腐、基腐、茎腐、果腐、花腐等;同时在腐烂部位还伴随有各种颜色变化的特点,如黑腐、白腐和褐腐等。

③萎蔫。观察棉花枯萎病、棉花黄萎病、黄瓜枯萎病、茄子黄萎病、玉米青枯病、茄科植物青枯病和马铃薯环腐病等标本,注意辨别枯萎、黄萎、青枯等病状的特点,还可以剖开病株茎秆观察维管束系统是否发生褐变。典型的萎蔫类病害病状表现为植物根和茎的维管束系统受到病原菌破坏,进而发生叶片或枝条萎垂现象,但皮层组织完好,植物发生萎蔫后外表上常无病征表现。植物组织受萎蔫类病害侵染后,不一定都萎蔫,有的是在发病初期有半边叶片、半个枝条萎垂的现象,但常见的是全株性萎蔫。

对于萎蔫类病害病状的观察最好在田间进行,如对标本进行观察也应以新鲜标本为主,这类病害发生地域性很强,观察时要选择有代表性的地块并注意其维管束组织的变化,尽量不用干标本观察,因干标本易失去原有的特点。

④变色。变色一般有两种类型。一是发病植株全株或叶片部分地或全部地均匀褪绿、变黄,这种表现为黄化,有时也会呈现其他的颜色,还会发生畸形现象,多数为整株或部分发生。另一种表现为花叶,发病植株叶片色泽深浅不均,深绿与浅绿部分夹杂,全株普遍都有,一般上部叶片较为明显,无病征表现。观察烟草花叶病、小麦黄矮病、苹果花叶病、瓜类病毒病、十字花科植物病毒病和茄科植物病毒病病状,注意比较并区别每一种病害的病状特点。

⑤畸形。如叶片的皱缩、小叶、蕨叶和膨肿,果实的畸形和缩果,整个植株矮缩和徒长,花器和种子等局部器官的退化变形和促进性的变态,等等。常见的畸形病状还有癌、瘤、瘿、丛枝和发根等。观察玉米黑粉病、小麦粒线虫病、水稻恶苗病、马铃薯癌肿病、果树根癌病、桃缩叶病、十字花科根肿病、桑树根结线虫病、油菜白锈病、番茄蕨叶病等标本,归纳各类标本的病状类型。

（2）病征的观察

病征类型主要分为粉状物、霉状物、点状物、菌核和溢脓等。

①粉状物。对麦类白粉病、麦类锈病、麦类黑粉病、玉米黑粉病和十字花科

白锈病等病害标本,用手持放大镜或解剖镜观察,注意粉状物和锈状物的颜色、质地和病原物结构、着生状况等。

②霉状物。对番茄灰霉病、番茄叶霉病、黄瓜霜霉病、甘薯软腐病、瓜类软腐病、柑橘青霉病等病害压制标本或瓶装标本,用手持放大镜或解剖镜观察,注意区别不同类型霉状物的特点,如霜霉、绵霉、黑霉、青霉和灰霉等。

③点状物。对麦类赤霉病、麦类白粉病、瓜类炭疽病、芹菜斑枯病、棉花茎枯病、苹果树腐烂病等病害标本,用手持放大镜或解剖镜观察,注意点状物在寄主组织中是埋生、半埋生还是表生以及点状物在寄主表面的颜色、排列状况等。

④菌核。菌核比较大,可以用肉眼直接观察到,对大豆菌核病、油菜菌核病和水稻纹枯病等病害标本进行观察,注意菌核的形状、颜色、大小、质地等,并观察菌核萌发状况。

⑤溢脓。细菌性病害特有的病征是溢脓。观察棉花角斑病、黄瓜角斑病、水稻细菌性条斑病、十字花科细菌性软腐病等病害标本,注意发病部位溢脓的颜色、出现位置等。用剪刀剪成 4 mm^2 的病组织小块,放于载玻片上,加一滴水做浮载剂,盖上盖玻片,在显微镜下观察喷菌现象,也可以直接将载玻片对光观察。

二、非侵染性植物病害症状观察

1. 非侵染性植物病害特点

(1)非侵染性病害发病特点是大面积同时发生,病害发生时间短,有的只有几天,多数是气候因素和三废污染所致,如冻害、干热风、日灼等。

(2)病害只限于植物某一品种上发生,多数是植物自身生长不宜或植物自身有系统性症状表现,多为遗传性障碍所致。

(3)农药或化肥使用不当会导致明显的枯斑、灼伤等,发病部位主要集中在某一部位的叶或芽上,无既往病史。

(4)明显的缺少各种元素的症状,多见于老叶或顶部新叶。

2. 非侵染性植物病害症状观察

(1)到田间病害发生的现场进行观察和调查,同时了解有关环境因素的变化,全面查看病害的田间分布类型。病害发生分布比较普遍而均匀的非侵染性植物病害,多是由水、肥、气象因子和有毒气体等引起的,且这类病害发生时面积较大,没有明显的发病中心。与地势、地形和风向有一定关系的非侵染性植物病害,在田间发生时往往是不规则的分布。

(2)排除侵染性病害可能的方法是根据侵染性病害的发病特点和侵染性病害实验的结果分析。

非侵染性病害在田间发生只有病状而没有病征,具体观察需注意:非侵染性病害发病组织上可能存在着大量的腐生物,这些腐生物是非致病性的,要注意分辨;侵染性病害发病组织上初期病征也不明显,而且病毒、植原体和少数的真菌引起的病害等也没有病征。

植物病毒性病害、植原体性病害发病特点为:田间有中心病株或发病中心;一般幼嫩组织发病重,成熟组织发病轻甚至无病状;病状通常表现为变色,伴有不同程度的畸形等,往往表现为复合侵染,这些特点都与非侵染性病害不同。

(3)治疗性诊断。根据田间病害发生症状的表现,针对非侵染性病害的可能,制定治疗措施,进行针对性的施药处理,或适当改变环境条件,观察病害的发展情况。一般情况下,植物在生长期间如果缺少某种元素,在施用肥料后症状可以很快减轻或消失。

第四节　植物病害田间诊断和鉴定

一、目的要求

掌握不同类型病害的发生特点,学会田间病害诊断和鉴定的一般方法,并能根据相应的病害,结合所学知识提出可能的防治措施。

二、材料与用具

显微镜、载玻片、盖玻片、培养皿、解剖针、放大镜、刀片等用具以及乙醇、盐酸等试剂,各类植物病害新鲜标本。

三、内容和方法

在田间采集各类植物病害标本,挑取其中一种或几种植物,以其中某一部位(茎秆、叶、根等)观察病害特征,初步诊断病害类型,然后,对存在病原物的病害进行病原物鉴定,进一步确诊病害类型,真菌、细菌、病毒、线虫等病害各鉴定几种。受作物品种、地理条件、环境因素、气候条件等影响,病害的发生会有很大的差异,故在进行病害调查时应根据具体情况,选择 3 ~ 5 种作物,每种作物选择 2 ~ 3 个品种,对每种作物上的具有典型症状的病害进行一般调查和诊断。同时,选择几种难以仅通过症状观察来确定的病害,在实验室做进一步的病原物鉴定。

1. 真菌性病害的诊断和鉴定

真菌性病害的诊断和鉴定主要是根据症状特征和病原真菌的形态特征。不同的真菌和其他病原物可引起相似的症状,因此应以病原真菌的鉴定为依据。

(1)症状观察

观察症状时,先注意病害对全株的影响(如萎凋、萎缩、畸形和生长习性的改变等),然后检查病部。观察斑点,要注意斑点的形状、数目、大小、色泽、排列和有无轮纹等;观察腐烂,要注意腐烂组织的色、味、结构(如软腐、干腐)以及有无虫伤等。放大镜和解剖镜在检查病症时很有用,注意有无病症,即真菌孢子和子实体等。特别值得提出的是,鉴定时常常会遇到许多非侵染性病害,它们的症状有的与病毒病、线虫病或有些真菌性病害很相似,甚至在病部还能检查到真菌,当然,这些真菌一般是后来在上面生长的腐生性真菌。非侵染性病害一般在田间是同时普遍发生的,与地形、土壤、栽培、品种和气候等条件有关,没有完整的田间记录有时是很难鉴定的,最好是就地观察、调查和分析,不能单纯依靠室内检查。

(2)病原菌鉴定

症状对鉴定不是绝对可靠的,不同的病原物可以产生相似的症状,而一种病害的症状可能因寄主和环境条件不同而变化,因此,标本的显微镜检查非常重要。真菌性病害标本或培养的真菌,应因材料的不同而采取不同的方法检视。

①菌丝体和子实体的挑取检视。标本或培养基上的菌丝体或子实体,一般直接用针挑取少许,放在加有一滴浮载剂的载玻片上,加盖玻片在显微镜下检视。

②叶面真菌的粘贴检视。叶面真菌的粘贴检视可用透明胶、乙酸纤维素、火棉胶或其他粘贴剂等。目的是检查叶片表面的真菌。

③组织整体透明检视。组织透明后整体检视,不但可以看清表面病原菌,还可以观察组织内部的病原菌。透明的方法很多,最常用的是水合氯醛法:为了观察病叶表面和内部的病原菌,可将小块叶片在等量的乙醇(95%)和乙酸的混合液中固定 24 h,然后浸泡在饱和水合氯醛水溶液中,待组织透明后取出用水洗净,经稀苯胺蓝水溶液染色,用甘油浮载检视。

④真菌的玻片培养检视。培养基表面的真菌,直接挑取检视往往会破坏真菌的结构,故玻片培养是很好的检视方法。

⑤培养基中真菌的检视。对培养基表面下的真菌,可以切取小块带菌的培养基放在载玻片上,加盖玻片挤压后检视。

⑥真菌细胞核和染色体的观察。真菌细胞核和染色体的观察对了解真菌致病性和变异是非常重要的,有时需要对真菌染色体或细胞核进行观察。细胞核染色方法很多,通常使用苏木精等染色。

⑦组织浸离检视。组织浸离就是将根、茎、皮等组织用药处理,除去中胶层,使细胞分离,以观察单个细胞的形态。

⑧徒手切片检视。徒手切片在教学和研究上都很常用,不需要特殊设备,操作方便,是日常用得最多的真菌检视方法。

2. 细菌性病害的诊断和鉴定

植物细菌性病害的危害症状和发生发展规律,并不像病毒性病害那样与真菌有很大的差别,所以鉴定和诊断方法大致和真菌性病害的相似,由于细菌很小,可以作为分类根据的形态学性状比较少,因此细菌性病害的鉴定方法与真菌性病害又有所不同。

(1)症状观察

植物细菌性病害表现各种类型的症状,不同属的细菌侵染植物后引起的症状有所不同,如棒状杆菌属细菌主要引起萎蔫、假单胞菌属细菌主要引起叶斑和叶枯(少数枝枯、萎蔫和软腐)、黄单胞菌属细菌主要引起叶斑和叶枯、土壤杆菌属细菌主要引起肿瘤、欧文氏菌属细菌主要引起软腐等,许多细菌性病害的病斑还有水渍状,有时可以作为诊断的特征,植物病部有时还有菌脓排出,这也可以作为植物细菌性病害的诊断特征。

(2)病原菌鉴定

①显微镜观察。显微镜检查对诊断是非常重要的,细菌侵染引起的病害,受害部位的维管束或薄壁细胞组织中一般都有大量的细菌,用显微镜观察组织有无细菌流出(喷菌现象)。

②病原细菌分离鉴定。植物病原细菌一般都用稀释分离培养的方法。病原细菌在组织中的数量很大,稀释分离培养可以使病原细菌与杂菌分开,形成分散菌落,容易分离得到纯培养,对病原细菌的识别和鉴定有很大帮助。病原细菌的鉴定通常需要进行生理生化测定和致病性测定。

3.病毒性病害的诊断和鉴定

植物病毒性病害是作物的重要病害,几乎每种作物都已发现有一种、几种甚至十几种病毒性病害,对于病毒性病害,首先要注意它的病理现象,这有助于病毒性病害的鉴别。

(1)症状观察

植物病毒必须经由一定的伤口才能侵入寄主植物的细胞和组织,例如,叶片经摩擦接种病毒后,在接种点可形成局部斑点,有坏死褪绿、黄化等不同颜色,大小也可以不同。植物病毒从侵入点扩散,一般可以扩散到全株,表现各种外部症状。植物病毒性病害的外部症状一般可以归为五种类型:花叶,变色,环斑和环纹,坏死,矮缩、矮化和畸形。植物病毒性病害的内部症状包括组织与细胞的变化和包涵体的变化两个方面。

(2)病毒形态观察

需在电镜条件下进行。

4. 线虫性病害的诊断和鉴定

（1）症状观察

植物受到线虫危害后，可以表现各种症状，有的表现为瘿瘤、叶斑、坏死或整株枯死等，通常可以在病变部位找到病原线虫，但是多数线虫病表现为变色、褪绿、黄化、矮缩和萎蔫等症状，这多半是根部危害造成的。各属线虫为害部位不同，茎线虫主要为害植物地下茎，胞囊线虫多寄生在植物根部侧根或须根侧面，根结线虫在新生的侧根上寄生后引起根结，粒线虫和滑刃线虫主要为害植物的地上部分，可以传染植物病毒的长针线虫、剑线虫和毛刺线虫等在根外寄生。

（2）病原物鉴定

直接观察分离胞囊线虫、根结线虫和珍珠线虫等根部寄生的线虫，可在解剖镜下用挑针直接挑取虫体观察，对于一些虫体较大的线虫，如茎线虫和粒线虫等，可在解剖镜下用尖细的竹针或毛针将线虫从病组织中挑出，放在凹穴玻片上的水滴中，做进一步的观察和处理。

第五节　植物病害生防菌的拮抗作用测定

植物病害的生物防治就是利用有益微生物及其代谢产物来影响或抑制病原物的生存和活动，从而降低病害的发生和危害程度。生物防治的理论依据是自然界生物与生物之间相互依存、相互制约的关系。自然界的有益微生物对植物病原物可以产生各种作用，从而影响病原物的生存与繁殖。有益微生物亦称拮抗微生物或生防菌。生防菌的作用主要有抗菌、溶菌、重寄生、竞争、交互保护和捕食等作用。

开展有效生防菌株筛选工作是植物病害生物防治的基础。一般从将要应用生防菌的生态环境中选择材料，根据防治植物病害的种类及可能的作用机理确定分离和筛选生防菌株。

作为生物防治用的微生物，可以按一般微生物的培养方法进行培养。这些微生物培养后可以直接用于防治病害，也可以制成适当的剂型。防治对象不同,各种生物防治材料的使用方法也不同。对于一些由种子或土壤传播的苗期病害可以进行种子处理。对于一些土传病害,可以把生防菌直接施加到土壤中去,来改良土壤微生物区系的组成。生物防治是植物病害的防治手段之一,发展趋势会越来越好。生物防治的机制是多方面的,如拮抗作用、噬菌与溶菌作用、诱发寄主抗病性以及促生作用。

一、目的要求

在培养皿内进行拮抗作用的测定;掌握植物病害生物防治的基本原理及操作方法;观察不同类型的有益微生物对植物病原菌的拮抗作用。

二、材料、试剂与用具

1. 材料

番茄灰霉菌、立枯丝核菌、棉花枯萎菌、棉花黄萎菌、番茄叶霉菌、瓜果腐霉菌、链霉菌、荧光假单胞杆菌、枯草芽孢杆菌、非致病尖镰孢菌等。

2. 试剂与用具

PDA 培养基、2% 蔗糖溶液、医用玻璃喷雾瓶、无菌操作设备、无菌打孔器或无菌塑料吸管等。

3. 操作过程

(1)培养皿内拮抗实验

①在 PDA 平板上扩大繁殖靶标致病菌和生防菌。

②在无菌条件下用无菌打孔器或无菌塑料吸管把致病菌和生防菌打成同等大小的菌饼备用。

③将靶标致病菌菌饼 4 块均匀摆放于 PDA 平板上。

④采用无菌操作技术分别将木霉、放线菌等生防菌菌饼 1 块置于已接种的靶标致病菌菌饼中央,每个生防菌重复 3 次。

⑤用不接种生防菌的平板作为对照。

⑥分别标记菌种名称并注明日期及操作人姓名,然后置于 25 ℃恒温培养箱中培养。

⑦1 周后观察结果,记载抑菌圈的有无及直径大小。

(2)对靶标致病菌孢子萌发的影响

①取玻璃环 4 只擦净后投入 75% 乙醇中消毒 3~5 min,然后捞出在酒精灯火焰上来回摆动烤干,待凉后给环两边涂上凡士林黏于干净的载玻片上,并给环内加入灭菌水数滴。

②取无菌试管 1 支,加入 2% 蔗糖液 5~8 mL,然后再加入靶标致病菌孢子少许,制成孢子悬浮液。

③用吸管取孢子悬浮液 1 滴,滴于洁净的盖玻片上,迅速翻转盖玻片,形成悬滴置于玻璃环上。

④另取 1 支试管如②一样操作,但其中加入生防菌。

⑤操作完毕注明处理项目、时间、操作人姓名,然后置于 25 ℃恒温培养箱中培养,每隔 24 h 观察 1 次。

⑥记载各处理孢子萌发率,并计算出各处理的孢子萌发抑制率。

(3)重寄生现象观察

①在 PDA 平板上以涂抹法接种靶标致病菌,置于 25 ℃恒温培养箱中培养。

②待致病菌布满培养皿后,将准备好的生防菌悬浮液均匀喷布于致病菌菌落上,继续于 25 ℃恒温培养箱中培养约一周。

③用不接生防菌的平板作为对照。

④待靶标致病菌菌落上出现生防菌菌落时,刮去气生菌丝,挑取少许营养菌丝制片,镜检,观察致病菌菌丝被寄生的现象。

⑤对观察到生防菌寄生于靶标致病菌的玻片进行显微照相。

(4)拮抗作用检测

①将苹果按常规方法进行表面消毒,每个果实的赤道部位上用无菌打孔器打一个直径 5 mm、深 4 mm 的孔,然后用无菌棉签吸干孔内汁液。

②将靶标致病菌及生防菌分别制成适宜浓度的孢子悬浮液。

③向每个孔中接种 20 μL 生防菌悬浮液,以不接生防菌的为对照,置于 20 ℃下培养。

④间隔 0 h、12 h、24 h 和 48 h 向各孔中接种 20 μL 致病菌悬浮液,置于 20 ℃下培养。

⑤于 5 天和 10 天观察记载发病率及病斑大小。

第六节 病原物的接种技术

从发病植物上分离得到的微生物并不一定是具有致病能力的病原物,只有接种到植物体上,观察其症状后,才能确定它的致病性。

进行病原物致病性的测定,对于病原物的鉴定工作是非常重要的。同时,在研究作物不同品种对病原物抗病性时,也必须通过接种病原物来测定它们的抗病性差异。因此,植物病理学中病原物接种技术是一项基本技能,也是诊断植物病害常用的科赫氏法则中最重要的一步。

一、目的要求

学习植物侵染性病害研究中常用的接种方法和技术,比较不同接种方法对病害发生发展过程的影响。

二、材料与用具

玉米小斑病菌、玉米幼苗,麦类黑粉病菌、麦种,水稻白叶枯病菌、稻苗,棉花枯(黄)萎病菌、棉籽,瓜果腐霉菌、黄瓜、番茄,盆钵,等等。菜园土、喷雾器、保湿罩、剪刀、三角瓶、毛笔、针、试管、记号笔、标签等。

三、内容与方法

植物侵染性病害的发生是由病原物、寄主植物和环境条件三方面的因素决定的,植物病害接种的成功与否,与这三个因素有密切的关系。因此,在设计接种实验时,首先要考虑到这三方面因素的作用。

1. 准备工作

(1)培育接种植物

接种使用的植物可以在温室内或田间栽培。温室环境易于控制,接种结果也比较稳定,但接种结果有时需经田间验证。

(2)准备病原菌接种体

接种所需要的病原菌,有时可以天然收集,但用于致病性测定的病原菌大多是人工培养的,通常使用病原菌的孢子。多数病原菌人工培养容易产生孢子,有些病原菌不易产生孢子,需要人为处理促使孢子产生。

(3)控制环境条件

根据病害发生对环境条件的要求,田间接种选择作物适于生长的季节效果最好,用于接种的实验用地通常叫病圃。一般情况下,接种后要保证足够的湿度,使其充分发病。

2. 接种方法

(1)喷雾法和喷粉法

这两种方法适用于气流和雨水传染的病害,大部分细菌性病害和真菌叶斑病都可采用喷雾接种,如玉米大斑病、玉米小斑病、大豆灰斑病、水稻细菌性条斑病。将接种用的病原菌配成一定浓度的悬浮液,悬浮液中常加入吐温 - 20 或吐温 - 80 等表面活性剂促进孢子分散,增强悬浮液在叶片表面的展着性能。悬浮液浓度可根据接种要求而调整,一般每毫升需有 100 个以上孢子。用喷雾器喷洒在待接种的植物体上,在一定的温度下保湿 24 h,诱发病害发生。

喷雾接种以玉米小斑病为例:在 PDA 培养基上接种玉米小斑病菌,待孢子产生后加入灭菌水,用玻璃棒将分生孢子洗下, 配成浓度为低倍镜下每视野 10 ~ 20 个孢子的悬浮液,用喷雾器喷洒在玉米苗的叶片上,在25 ℃条件下保湿 24 h 后每天观察一次,观察是否发病以及病斑发展情况。记载接种日期,预测潜育期,发病阶段开始观察是否出现褪色小斑点,病斑扩大后注意病斑大小、形状和颜色。

瓜果腐霉菌常在田间引起许多农作物幼苗或果实发病,甚至腐烂死亡。常用菌丝体接种,用组织捣碎机将菌丝体打碎成菌丝段,稀释后以喷雾法接种在瓜苗或番茄果实上,置于 22～25 ℃下保湿 24 h,以后每天观察记载发病情况(病斑形状、颜色、大小),从接种至出现症状的时间为潜育期。

喷粉法适用于植株地上部分,以麦类锈病菌和白粉病菌为例,是将麦类锈病菌和白粉病菌的孢子粉均匀地撒在潮湿的植物表面,然后保湿。选用小麦苗喷浇清水后,将小麦锈病或白粉病病叶上的病原菌孢子轻轻弹在麦苗上,保湿 24 h,逐日观察记载发病情况。

(2)土壤接种法

由土壤传染或粪肥传染的病害可以采用土壤接种法。土壤接种法是将人工培养的病原菌或将带菌的植物体粉碎,在播种前或播种时按规定的比例施于土壤中,然后播种。也可先开沟,沟底撒一层病残体,将种子播在病残体上,再盖土。有的病原物能在土壤中长期存活,把带菌土壤或线虫接种体接种在土壤里。

(3)拌种法和浸种法

种子传染的病害可采用这两种接种方法。拌种法是针对麦类黑粉病菌类最常用的方法,将病原菌的悬浮液或孢子粉拌在植物种子上,然后播种诱发病害。小麦腥黑穗病可采用此法接种。浸种法是用孢子或细菌悬浮液浸种后播种,棉花炭疽病等可用此种方法接种。

(4)伤口接种法

除了植物病毒接种时常用摩擦伤口接种法之外,植物病原细菌、病原真菌也常用伤口接种法。许多由伤口侵入,导致果实、块根、块茎等腐烂的病害均可采用此法。先将接种用的瓜果等洗净,用 75% 乙醇表面消毒,再用灭菌的接种针或灭菌的小刀刺伤或切伤接种植物,滴上病原菌悬浮液或塞入菌丝块,用湿脱脂棉覆盖接种处保湿。

水稻白叶枯病的伤口接种常用剪叶接种法和针刺接种法。先通过火焰或用 75% 乙醇消毒解剖剪,将剪刀在水稻白叶枯病菌悬浮液中浸一下,使剪刀的刃口蘸满菌液,再将要接种的稻叶尖剪去。接种处不必保湿,定期观察病情。取新鲜黄瓜两根,用 75% 乙醇表面消毒 2 次,用灭菌的接种针在表皮上刺 3～5 个点。取平板培养 3 天(25 ℃)的黄瓜疫病菌的菌丝块(约 1 cm)贴放在伤口上,用蘸水的脱脂棉保湿。接种过的黄瓜放在塑料筐内,筐上盖两层纱布并淋湿以保湿,分别放在不同温度下培养。观察并记录在不同温度下黄瓜发病的日期,计算出潜育期,比较黄瓜疫病菌在不同温度条件下的侵染及扩展速度。

(5)介体接种

①菟丝子接种。在温室中研究病害时广为采用的一种接种方法,是先让菟丝子侵染病株,待建立寄生关系或进一步生长以后,再让病株上的菟丝子侵染健康植株,使病害通过菟丝子传播到健康植株上。

②蚜虫及其他介体昆虫接种。先使介体昆虫在毒源植物上饲毒一定时间后,将规定数量的昆虫转移至待接种的植物上使之取食传毒,经一定时间后喷施杀虫剂杀死介体昆虫。

所有的接种实验都要设对照,即用清水代替病原物,用同样的方法接种,观察发病与否。

第七节　杀菌剂的田间药效测定

在植物病害防治中常用的措施之一是施用杀菌剂,因此,掌握杀菌剂防治植物病害的田间药效测定方法非常必要。

一、目的要求

杀菌剂防治植物病害的药效测定分为室内生物测定及田间药效测定。本节主要介绍杀菌剂防治植物病害的田间药效测定方法。

二、基本原理

实验室进行杀菌剂的毒力测定实验,主要是为了明确杀菌剂对防治的目标病原菌的抑制作用,为田间药效测定提供理论依据。测定杀菌剂的实际防治病害效果,必须进行两方面的试验,即在田间和盆栽条件下进行杀菌剂的防病效果试验。杀菌剂的田间药效测定包括的内容很多,主要是进行各项处理,如种子处理(药剂浸种、拌种或包衣)、土壤处理(药剂浇灌或混合搅拌)、全株处理

（包括地上部及根部处理,可喷施药液或药粉）、药液蘸根等方法。

关于进行田间药效测定的具体要求,我国农业部农药检定所生测室编写的《农药田间药效试验准则》中有要求和规定。一般要求:①试验地选择要有代表性,即能够代表农药推广应用区域的耕作制度和栽培技术并在栽培管理条件方面具有一致性。② 每个参试药剂品种要设置3 个以上处理剂量,并设4 次以上重复,同时还要设空白对照,空白对照不施药剂,还应设生产中普遍应用的农药为标准药剂对照。③矮秆作物,如大豆、水稻、小麦、蔬菜等的小区面积一般为15 ~ 50 m²,同时保护地为8 m²;高秆作物,如玉米、高粱等的小区面积应适当大些。小区排列方法可选择对比法、拉丁方法或随机排列法。④药剂施用后记载内容有施药方法、次数、日期,影响药效发挥的气象因素(包括温湿度、降雨量、风力、日照等)及栽培措施(如灌水、施肥)等。

1.试验首先要明确防治的病害种类,一般要以当地生产中发生危害较重的病害种类为防治对象。同时还要考虑试验过程中要求的条件,如考虑适合的地块,试验田里有充足的菌源能够达到充分发病,还有能保证试验顺利进行等诸方面的因素。此外,还要保证试验田周围地块病原物侵染源的种类,使其不影响试验小区的目标侵染源。对此,应设置隔离区,即试验田和周围田块间要分开,以保证周围田块不向试验小区传播病原菌。

2.选择多种杀菌剂做供试药剂,并选一种在生产上常用的防治效果较好的农药做对照比较。

3.试验田应有代表性,能代表当地生产田的整体情况。并要求试验田的前茬、地势、肥力等均匀一致。

4.如果试验田是用人工接种方法使其充分发病的,还要分离、纯化和培养接种所用病原物。

三、试验操作

1.制定试验方案

具体内容包括试验各处理数、处理设置的重复数。

2.田间试验小区设计

依据试验方案的要求和试验田块面积情况进行设计和试验田排列。如果是通过空气传播的多循环病害,应该在每个小区间设置好隔离区,避免各小区间病害发生情况互相影响,给试验带来影响而造成试验误差。

田间各试验小区病害发生程度不同,如果各试验小区间病原菌互相传播,则病情发生重的小区会直接影响病情发生轻的小区,使田间病情趋重。各小区间设置的隔离区一般情况下不需要太远,依据病害流行学研究的结果:在病害初发期,如通过空气传播的玉米大斑病等多循环病害一次传播距离很短(1 m左右),一代传播距离仅 3 m 左右,故小区间的隔离区距离 3~5 m 即可。

田间试验小区排列方法有多种,如随机排列法、对比法和拉丁方法等。如采用棋盘式随机排列法,则要求每项处理至少设置 3 次重复,试验小区面积要根据高、矮秆作物而定,矮秆作物不小于 15 m² 左右,高秆作物可适当大些。此外,也可以根据试验具体要求决定采用哪种方法。

3. 时期选择

如果在人工接种的条件下使作物发病,则应选择在作物感病期进行人工接种。如玉米丝黑穗病接种可用黑粉菌的冬孢子和细土混拌均匀,浓度要求在0.3% ~0.5%之间,在玉米播种时将接种物盖在种子上;如玉米大斑病、小斑病及弯孢菌叶斑病等接种可将病原菌配成孢子悬浮液(孢子悬浮液调配:取一滴孢子悬浮液放置在事先准备好的载玻片上,盖上盖玻片后镜检,检查 10 个视野,每视野内有数个孢子即为合适浓度),将 0.5~1 mL 孢子悬浮液滴入玉米心叶即可,接种最好时期在玉米 6~8 叶期,接种后保湿 24~48 h,能很好地发病。

4. 施药时期

药剂处理种苗和土壤在播种前进行。若药剂为保护剂,处理植株地上部或根部,应在多数植株发病前施用,若为内吸剂,应施用在田间病害发病始期。如果已明确该种病害药剂防治指标的,则用药应在病害达到防治指标时施用。

根据不同病害不同药剂来决定施药次数。如果要施 2~3 次药,每次施药的间隔时间多为 7~10 天,间隔时间依据药剂持效期而定,持效期短者则间隔时间短些,反之则长些。

5. 田间调查时间及项目

根据病害发生规律及流行特点,对于单循环病害,应在已被病原物感染的植株均发病后进行调查,并记载小区的发病率。对于多循环病害,用药前先进行一次病情调查,其发病率即为各小区初始病情;还应在施药结束和药剂持效期过后,再进行一次各小区发病情况调查,即为各小区的终期病情。如果病害发生后潜育期很长,比药剂持效期还长,则应该在施药结束后再经过一个潜育期连同病害的显症期后进行各小区的终期病情调查。一般情况下在田间采取定点定株甚至是定叶片等较系统的调查方法,以确保各小区施药前后2次病情调查数据能够互相对应,相对准确。

病害流行学研究结果证明,一次接种病原菌形成的侵染点,一般情况下不会同时显现病症,要在经过潜育期后陆续出现,这段时间为显症期,不同病害潜育期的长短不一样。药剂防治效果要计算准确,应考虑到药剂对病原菌侵染的控制作用,其控制作用需要时间较长,要经过一个潜育期再加上一个显症期后才能充分表现出来。另外,为避免各小区间的病原相互传染影响,调查点最好选在各小区中心部及其附近,尤其是定点、定株、定叶片的调查更要注意。

影响药效的最重要因素还有降雨,在施药期间要对每天的降雨量、降雨时间等统一准确记载,以便分析药效时作为参考依据。大雨冲刷会对药剂防效影响很大,应当补施一次药剂。做药效测定时所有可能对药效有影响的因素都应考虑到,特别是气象和栽培因素均应详细记录,以便在分析药效时作为参考。

6. 药效的计算及对药剂的评价

可根据预先制定的方案并结合试验过程中的具体情况,采用适合的公式来计算各药剂品种的药效,最后综合各药剂品种的药效、安全性、成本、施用方法等多种因素对各药剂品种做出评价。

防治叶、茎、果等部位的病害时,如花生叶斑病、锈病类等病害,在不同植株上或同一植株不同部位上,危害程度有轻重之别,可分别调查用药防治区和未用药对照区的各级病叶数(或病茎、病果数),计算出防治区和对照区的病情指数,再用病情指数计算防治效果。

防治效果 =(对照区病情指数 - 防治区病情指数)/对照区病情指数

×100%。

如防治苗期立枯病、猝倒病或禾谷类黑穗病等,可采用随机或定点取样的方法,统计一定数量的植株内发病植株或死亡植株,计算发病率。根据防治前后发病率,计算防治效果。

参考文献

［1］中国农业百科全书总编辑委员会植物病理学卷编辑委员会,中国农业百科全书编辑部.中国农业百科全书·植物病理学卷.北京:农业出版社,1996.

［2］方中达.中国农业植物病害.北京:中国农业出版社,1996.

［3］方中达.植病研究方法.北京:中国农业出版社,1998.

［4］白金铠.杂粮作物病害.北京:中国农业出版社,1997.

［5］中国农业科学院植物保护研究所,中国植物保护学会.中国农作物病虫害.上册.北京:中国农业出版社,2014.

［6］刘惕若,王守正,李丽丽.油料作物病害及其防治.上海:上海科学技术出版社,1983.

［7］董金皋.农业植物病理学.北方本.北京:中国农业出版社,2001.

［8］张随榜.园林植物保护.北京:中国农业出版社,2001.

［9］赖传雅.农业植物病理学(华南本).北京:科学出版社,2003.

［10］叶钟音.现代农药应用技术全书.北京:农业出版社,2002.

［11］宗兆锋,康振生.植物病理学原理.北京:中国农业出版社,2002.

［12］李清西,钱学聪.植物保护.北京:中国农业出版社,2002.

［13］陈利锋,徐敬友.农业植物病理学(南方本).北京:中国农业出版社,2001.

［14］管致和.植物保护概论.北京:北京农业大学出版社,1995.

［15］华南农学院,河北农业大学.植物病理学.北京:农业出版社,1980.

［16］北京农业大学.农业植物病理学.北京:农业出版社,1982.

［17］张国栋.大豆疫霉根腐病.植物病理学报.1998,28(3):2-9.

［18］潘顺法,白金铠,李勇,等。玉米大斑病菌生理小种鉴定结果初报.植物病理学报.1982,12(1):61-64.

［19］魏景超.水稻病原手册.北京:科学出版社,1957.

［20］李振岐.麦类病害.北京:中国农业出版社,1997.

［21］陈捷主编,吕国忠等编著.玉米病害诊断与防治.北京:金盾出版社,1999.

［22］侯保林.果树病害防治技术.北京:中国农业大学出版社,1998.

［23］曾士迈,杨演.植物病害流行学.北京:农业出版社,1986.

［24］蔡祝南,吴蔚文,高君川.水稻病虫害防治.北京:金盾出版社,1992.